做 好 一道菜

罗生堂 / 著

北京科学技术出版社

图书在版编目（CIP）数据

做好一道菜 ／ 罗生堂著. —北京：北京科学技术出版社，2017.11(2019.4重印)
ISBN 978-7-5304-9121-8

Ⅰ.①做…　Ⅱ.①罗…　Ⅲ.①菜谱－中国　Ⅳ.① TS972.182

中国版本图书馆 CIP 数据核字（2017）第 156562 号

做好一道菜

作　　　者：罗生堂
图片摄影：罗生堂
策划编辑：李雪晖
责任编辑：周　珊
图文制作：天露霖
责任印制：张　良
出 版 人：曾庆宇
出版发行：北京科学技术出版社
社　　　址：北京西直门南大街16号
邮政编码：100035
电话传真：0086-10-66135495（总编室）
　　　　　0086-10-66113227（发行部）
　　　　　0086-10-66161952（发行部传真）
电子信箱：bjkj@bjkjpress.com
网　　　址：www.bkydw.cn
经　　　销：新华书店
印　　　刷：北京宝隆世纪印刷有限公司
开　　　本：720mm×1000mm　1/16
印　　　张：15.5
版　　　次：2017年11月第1版
印　　　次：2019年4月第5次印刷
ISBN 978-7-5304-9121-8／T·925

定价：59.00元

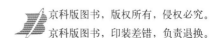

前　言

　　把一道菜做好吃是每一个整日在厨房里"拼杀"的人都渴求的事情，专业的厨师也不例外。但是专业的厨房如流水线一般，每个厨师都有自己的分工，一道菜上桌不是一个厨师的功劳，而是若干厨师的工作集成！我们在家里却是从采购到做菜都是一个人，强度远胜于厨师，十分考验耐心。那么，如何才能专心地做出一道好菜呢？好菜的标准又是什么呢？先不说色香味俱全那些俗套，首先要做的是精心选出好的食材，这是做好一道菜的第一步，也是最关键的一步。清代袁枚的《随园食单·须知单》中有"大抵一席佳肴，司厨之功居其六，买办之功居其四"，阐明了食材的重要性，只有挑选到合适的优质食材，才能做出一道好菜。选好了食材，接下来要做的是"刀工火影"中见真功。在切配和烹调的过程中，还有很多不为人知的小技巧或者是小原理，比如，食材的搭配、火力的运用、油温的掌握、调味的顺序等等，很多朋友不得其法，一挫再挫，以至于对做菜失去信心！对于做菜，相信许多人都有过这样的体验，当做出一道十分满意的菜品，尤其是一败再败、总结教训后做出一道好菜，那种欣喜的心情真的是无法用言语表达，我也是这样一步一步走过来的，因此特别理解。

　　这本书用最通俗的语言讲解基本的烹饪理论，简洁明了，从食材的选择开始，接着是刀工的切配、火候的掌握、烹制的时间等，带着你一步步做下去。每道菜都有一些平时根本不会注意到的小细节，有时候一些看似不起眼的操作就会毁了一道菜，很多人却找不到原因，本书也将这些小细节囊括其中，其实这就是一层窗户纸，捅破便是清朗天空，捅不破便是日日煎熬！

　　掌握了烹饪的基本功，之后才是追求色香味俱全。在烹饪过程中，菜的颜色变化可以体现菜的味道，如红烧的菜颜色就很重要；气味的变化也可以体现菜的味道，如在做菜过程中气味很香，那么菜品的味道一定不会差，最后味蕾的接触只不过是检验前两个环节的结果。所以，我们要运用自己知道的做菜知识来把控每一个烹饪的环节，不求完美，但求尽善，如此，最终的结果一定是美好的！

罗生堂

CONTENTS
目 录

第一章 | 美 | 味 | 有 | 章 | 法 |

第二章 | 猪 | 肉 | 香 |

第三章 | 牛 | 羊 | 鲜 |

第四章 | 鸡 | 鸭 | 嫩

第五章 | 鱼 | 虾 | 美

第六章 | 蔬 | 菜 | 怡 | 情 |

第七章 | 五 | 谷 | 养 | 人 |

美味有章法

第一章

有没有什么技巧是制作所有菜肴共通的？

有没有什么烹饪知识知道与否大有不同？

带着这些疑问，我整理出了本章的内容。

烹饪是用火的科学，

了解『套路』（即烹饪技法）便能一通百通；

烹饪也是调味的游戏，

熟知游戏规则便能乐在其中。

一、烹饪的技法

不管做什么菜，万变不离其宗。这个"宗"即烹饪的技法。

刚学做菜时往往分不清炒、熘、煸这些做法，不都是往油里一放，到底有什么区别？

不妨把这些烹饪技法理解为做菜的"套路"，它们是老祖宗在实践中不断总结出来的，让食材达到某种特定口味、口感的最有效的方法。食材虽多，但方法有限，据统计，中国菜有 30 多种烹饪技法，而家常用的不过 7 种。只要理解了这常用的 7 种技法，光看菜名而不看菜谱就能做出一道菜肴。掌握这些技法，可以说是做出好菜的一大捷径！

这 7 种技法可以分为 3 类。

第一类，靠油来加热——炒、熘、炸。

油的沸点高，食材熟得快、口感脆嫩。但因为烹饪时间短，这类技法要求事先把食材切成小块。

第二类，靠水及水蒸气来加热——烧、炖、蒸。

水的沸点不及油高，食材熟得慢，但相对来说更易入味，口感软嫩。

第三类，不加热——凉拌。

此外，为了在正式烹饪时一气呵成，或者为了去除食材中的异味，常常要对食材进行预处理。常用的预处理方法有两种：靠水加热的叫焯水，靠油加热的叫滑油。这一章中，也会对这两种预处理的技法进行详细的解说。

七大烹饪技法之一：炒（爆炒）

爆炒是中餐里最常见、最重要的一种烹饪方式。

火力：🔥🔥🔥🔥🔥（最大火）　　口感：脆嫩　　适合食材：脆嫩的原料

重点与诀窍 1
开大火，但不仅是开大火

为什么饭店的菜吃着就是比家中的香？不是因为饭店的厨房比你家的大，而是因为饭店的火比你家的大。为了弥补这种差距，一定要做好以下 3 点。

①家中火力较小，一般要把火力开到最大。

②锅的储热能力一定要强，可以选择厚底的铁锅。

③炒菜的量不能太大。

原来如此

👨 菜若炒得好，是有"锅气"的。"锅气"是一种看不到、摸不着，只能用鼻子和舌头来感觉的虚无缥缈的东西。同样一盘炒土豆丝，有"锅气"的闻起来香、吃起来美味，而不带"锅气"的闻着呛鼻、吃着无味。我认为，"锅气"其实是一种焦香之气，虽然菜并没有焦，但由于以猛火热锅进行烹制，菜品表面形成了肉眼看不到的焦粒，就会出现焦香之气，因此闻着、吃着就很香！"锅气"能否形成跟火力大小关系最为密切。

重点与诀窍 2
把握放调料的时机

我们在炒菜的过程中常会放酱油、醋等调料，为了达到最好的调味效果，调料什么时候放、怎么放也是有讲究的。

①趁着高温放调料。

②从锅的四周倒入调料。

③炒一些素菜时，先爆香调料再放菜。

原来如此

👨 酱油等调料的香气需要高温来激发。

👨 为什么要从锅的四周倒入调料呢？首先，我们要知道食材放入锅里后，锅的什么部位是最热的。锅干烧不放食材的时候肯定是锅底最热，但菜放入锅里后，锅底首先接触食材，温度就会迅速下降，这时候最热的部位反倒是锅的四周。所以，放酱油、醋等调料的时候，要尽量一点点地往锅的四周慢慢地倒，让它们自然地流下去。如此激发出的香气与食材融合在一起，味道就会不一样了。

👨 炒素菜往往调味简单，但特别需要香味，如果是需要放酱油或醋的菜，最好先用热油把酱油等爆一下，等香味出来了再放菜，保证最大限度地释放出调料的香气。

马上试一试！　**酱爆鲜菇**（见本书第 202 页）

蘑菇表面裹着一层酱汁

爆香酱油，令整道菜酱香十足

盘子中没有一点汁

壹　美味有章法

重点与诀窍 3
先焯再快炒

清炒是蔬菜最基本但也是最重要的烹饪方法，因为青菜大都比较脆嫩，只有清炒的方法能保持它原本的风味和口感。但大部分朋友都喜欢吃肉，如果饭桌上蔬菜炒得不好吃，那么肯定无人问津。怎么才能把蔬菜炒得既漂亮又好吃呢？

① 先用水焯烫，然后再炒。注意将水滗干净。如果是根茎菜，稍微滗一下便可；如果是叶菜，那么需要稍稍挤一下，把多余水分挤出来。

② 锅烧热，放少许油，把菜放下去快速炒几下。

③ 用少许盐、糖加冷水和少量淀粉制成芡汁，芡汁中也可以加点蒜蓉。

④ 倒入调好的芡汁快速翻炒，待蔬菜表面变得鲜亮就出锅。

原来如此

◎ 蔬菜如果未经处理就下锅炒，水分就会流失较多，导致口感变老，更重要的是色泽很差。勾芡可以通过菜汁将味道包裹在食材上，这样烹制出来的蔬菜看上去清脆鲜亮，吃起来脆嫩爽口。因为蔬菜不像肉需要入味，只需让表面有味道便可，所以芡汁的用量很小。

◎ 整个炒菜过程不要超过半分钟，尽可能用锅的热量把菜炒完。争取边倒芡汁边炒菜，因为芡汁很少，如果倒下去之后多耽误一会儿，芡汁会立刻凝结，这样就炒不匀了。饭店里清炒蔬菜的时候往往是一边翻锅一边倒汁，只有这样，才能让蔬菜表面明亮艳丽，同时味道均匀。

壹 美味有章法

马上试一试！ 清炒荷兰豆 (见本书第 171 页)

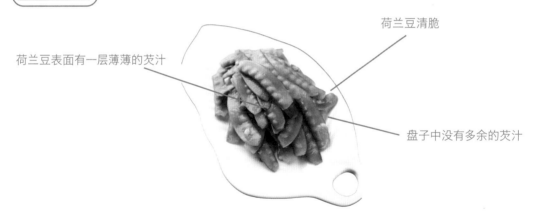

荷兰豆清脆

荷兰豆表面有一层薄薄的芡汁

盘子中没有多余的芡汁

Q：煸与炒的不同是什么？

A： 煸的目的是使食材脱水，让食物变得干香。与急火速成的炒不同，煸需要用小火慢慢地加热。不仅干煸类菜肴需要煸（如干煸牛肉丝），酱料也常常是煸制而成。如烹调豆瓣鱼（见本书第 116 页）时，就要先将豆瓣酱煸出香味。

liū
熘

七大烹饪技法之二：熘

事先配好一份调味汁，倒进锅中用大火烧开，随后放入提前处理好的食材，用大火炒匀就出锅，这种方法叫熘。

火力：🔥🔥🔥🔥（大火）　　　口感：软嫩　　　适合食材：软嫩的原料

重点与诀窍

熘与炒一样需要大火。熘的注意点如下。

① 大部分食材都要事先过油，有的是滑油后再熘，如滑熘里脊；还有的是先炸酥再熘，如焦熘鱼片。

② 先将调味汁调好。调味汁中要加入适量淀粉，让汤汁变得黏稠，从而能够挂在食材上。

③ 为了制造滑嫩的口感，成品中应有少许汤汁，即所谓的宽汁，而不是像爆炒那样无汁。

马上试一试！

熘三样
（见本书第 50 页）

腰子、猪肝、里脊的口感都十分滑嫩

汤汁挂在食材上

盘中留有少许汤汁

zhá
炸

七大烹饪技法之三：炸

将预先处理好的食材放入大量热油中加热制熟，这种方法叫炸。虽然不够健康，但是为了满足口感，这种烹调方法还是经久不衰地流传至今。

火力：🔥🔥🔥（中大火）　　　口感：外酥里嫩

适合食材：比较广泛，几乎所有肉类、大部分素菜都可以

重点与诀窍

炸制的菜都讲究外酥里嫩，因此，如何掌握平衡就很重要。

① 大部分食材需要先裹一层面糊做的"外衣"，面糊用鸡蛋、面粉、淀粉和水等调制。"外衣"最重要的作用是保持水分不流失，还能让表面焦酥。不过，也有一些特殊菜品不用为食材挂糊就可直接炸制，如干炸小丸子、椒盐虾等。

② 炸制菜品的油温很关键：油温太低，食材表面容易吸油，油过多吃起来口感很腻；油温太高，容易表面熟而内部还是生的。一般炸制食材的油温不能低于五成热。在保证成菜品质的前提下，食材炸好即将出锅的时候最好转成大火，这样可以让食材表面吐出多余的油，从而使成品达到干松清爽的口感。

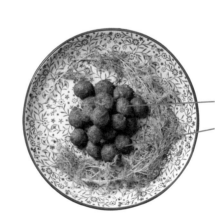

马上试一试！

干炸小丸子
（见本书第 36 页）

外皮焦香、酥脆

内馅软嫩

Q：怎么才能不费油？

A： 最好用圆底锅，如果用平底锅，就需要更多的油才能浸过食材。

勾芡 Q&A

　　炒菜、熘菜等烹饪过程中必不可少的芡汁，可以说是体现中餐之精妙的代表。虽然芡汁的最佳浓度和分量都无法量化，但也并非无迹可寻。知道了勾芡的原理和规律，再加上一点窍门，调制出恰到好处的芡汁并非难事。

Q: 什么是勾芡? 有什么用?

A: 所谓的芡汁就是淀粉水。勾芡的目的是让汤汁变稠，以便裹在菜上。

Q: 勾芡用凉水还是热水?

A: 如果想捏面人儿，那么请用热水勾芡; 如果是炒菜勾芡，那么请用冷水。

Q: 淀粉和水的比例是多少?

A: 先来理解一下淀粉和水的作用。让汤汁变稠主要靠淀粉的糊化作用，但如果把干淀粉直接撒在锅里勾芡，将形成一个个的小淀粉疙瘩，既不均匀，又不美观。所以要先用水把干淀粉调开，使芡汁变得均匀。调制芡汁不必苛求比例，加入的水足够把干淀粉调开就可以了。

Q: 怎么判断芡汁浓度是否合适?

A: 如果出现小淀粉疙瘩，说明水少了，不足以稀释淀粉; 如果装盘后发现锅中还剩很多汤汁，说明芡汁太稀，没能使淀粉完全包裹住食材，下次再做同样的菜时便要适当减少水的分量。

Q: 淀粉可以分几次放吗?

A: 烧菜（"烧"的详细介绍见本书第 7 页）可以分几次放，比如麻婆豆腐，但需要急火速成的炒菜就不行。

Q: 道理我都懂了，但怎么才能尽快掌握呢?

A: 没有别的捷径，只能靠摸索。像清炒荷兰豆等清炒菜因为成本相对低廉，很适合练手。如果一定要说有诀窍，那就是别换锅、菜的量也尽量一致、使用同一种品牌的淀粉，这样实践个两三回，就能摸出规律了。

Q: 挑选淀粉有什么建议?

A: 品质好的淀粉不仅效果好，而且实际上更划算。大胆地去挑最贵的淀粉吧!

shāo

七大烹饪技法之四：烧

把预先处理过的食材（有些食材不必预先处理）放在调好味道的汤汁中，用中大火烹煮收汁的方法，叫作烧。

火力：🔥🔥🔥（中大火）　　口感：软嫩

适合食材：主要是肉类，其他如豆腐和部分蔬菜（如茄子、土豆等）也可以

重点与诀窍

烧制时间控制在 20 分钟以内，注意事项如下。

①大部分食材（以肉类居多）需要预先处理。

②烧菜的汤汁会在烹煮过程中收浓，但也有一小部分菜需要勾芡以收浓汤汁，如川菜中的麻婆豆腐、粤菜中的罗汉素斋等，这样不仅味道好，色泽也美。

马上试一试！

腐竹烧肉片
（见本书第 198 页）

腐竹十分柔软

肉片滑嫩

少许浓汁，回味无穷

壹　美味有章法

dùn

七大烹饪技法之五：炖

把预先处理好的食材放进调好的汤汁中，用小火或者微火慢煮 40 分钟以上的烹调方法，叫作炖。

火力：🔥🔥（中小火）　　口感：软烂、滑嫩

适合食材：质地紧密、不易熟烂的食材，主要是肉类

重点与诀窍

炖菜的要点在于对汤量的把握。

①前期的汤量一定要把握好，汤量太大则无味，汤量太少则容易干锅。有时候家中的灶火即使调到最小，对于部分炖菜来说还是偏大，这时就要想办法避免火候未到而汤汁被耗干的情况，比如把锅垫高或将锅盖揭开一小部分。

②炖菜大多可以不收汁，但也有例外，比如，红烧肉虽然有一个"烧"字，但实则为炖，它的汤汁收浓之后，菜肴风味便会让人无法罢箸。

马上试一试！

番茄炖牛腩
（见本书第 60 页）

牛肉软烂

番茄汁浓香

炖一碗好汤
雪白的浓汤 vs 透亮的清汤

说到炖煮，不得不提鲜美的鱼汤、骨头汤、鸡汤……不管是浓汤还是清汤，熬煮的道理是一样的，只要了解它，就能在浓淡之间游刃有余。

为什么浓汤是白色的，清汤是透亮的？

浓汤其实是脂肪、蛋白质和水的混合体，其中，脂肪在高温下乳化，汤就会变成白色；反之，如果脂肪始终没有被乳化，那么汤色就可以一直保持透亮。

制作雪白浓汤的关键，在于用大火去"顶"，让汤沸腾并保持下去，这样一般要花比较长的时间。如果想让汤在短时间内就变得浓白，可以把食材用油煎一下再倒入热水，以中大火熬煮。

而清汤，则要反其道而行，用最小的火去"浸"，让汤的表面保持微开甚至是不开的状态，使汤的温度保持在 99～100℃。熬清汤一般需要 3～5 小时，没有省时间的好办法，只能耐心等待。要知道，饭店里的高汤之所以那么鲜美，一般都是小火慢煮，"浸"一整天得到的！当然，这时候的肉已经没法吃了，不仅口感如木柴，其鲜味也完全进入汤中。

浓汤的做法

①鱼汤：先用少许热油煎一下鱼，倒入开水，用中大火煮，十几分钟后汤色就会变白，但是要记得把汤面上的油沫撇掉。

②鸭架汤：同鱼汤。

③骨头汤：不能先用油煎，只能一次性把水放足，中途不能加水，以中大火至少煮1～2小时，汤才会变得浓白。

注意

◎ 尽管我们形容浓汤汤色"雪白"，但正常熬制出来的浓汤不是纯白的，而是带一点淡黄，类似象牙的颜色。骨头汤尤其如此，关火后稍微放一会儿，汤中的油脂就会有些许分离，汤色会变暗，汤中会有些许沉淀。

◎ 由于含脂肪和蛋白质比较多，浓汤用手指捻几下会感觉粘手。如果看上去汤很浓，汤色雪白，但用手指捻几下，根本不粘手，那么这汤有可能是添加剂兑出来的，大家就要小心了。

清汤的做法

不管用什么材料熬清汤，都要注意以下几点。

①提前把肉类处理至将熟，再开始"浸"；或者先让汤微开，估计肉类完全熟透时，再改最小火去"浸"。如果肉没有完全熟透就用最小火去"浸"，那么肉中的血水不能被充分煮出、变成浮沫而清理掉，汤色就会变暗，不够透亮。

②有些灶具即使把火调到最小，汤还是会沸腾起来，无法让汤保持微开状态。这时，可以试试电炖盅，它用来熬清汤是最合适不过的，非常省心。

七大烹饪技法之六：蒸

先给食材调味，然后放进开水锅中，利用水蒸气将食材烹熟的方式，叫作蒸。

火力：🔥🔥🔥🔥（大火）　　口感：健康无油，保持风味

适合食材：非常广泛，主要针对肉类、海鲜

重点与诀窍

大部分时候，蒸制需要把蒸锅烧开后再放食材，尤其是肉类，这样才能让口感更好。另外，蒸锅需要大一些的，让食材在一个相对大的空间里进行烹煮，受热更加均匀，成品的口感会更好。

马上试一试！

粉蒸牛肉
（见本书第 66 页）

经过粉蒸的牛肉软糯而清香

七大烹饪技法之七：凉拌

凉拌菜还有技巧吗？当然！要不为什么饭店拌的凉菜又好吃又好看，自己家里拌的凉菜却总觉得味道寡淡、颜色难看呢？

壹　美味有章法

重点与诀窍 1
用好油和调料

决定凉拌菜是否好吃有两个关键因素。

①油的多少。

②是否有鲜味。

原来如此

- 油比水黏度高，所以油裹在菜表面可以挂住很多味道，这样一来，凉菜的味道自然浓郁。另外，这个油也不是一般的油，而是用葱和一些香料炼出来的葱油，这样味道就会好很多。

- 怎么能有鲜味呢？饭店通常会放一些味精、鸡精等调料。为健康着想，我很少放这些，最多放少许糖来提一下鲜。如果还想了解别的提鲜方法，可以参考下一节中的相关介绍（见本书第 14 页）。

重点与诀窍 2
葱油的做法

从上面的简单分析中就可以看出，要想凉菜好吃，可以先准备一些葱油，拌菜时随取随用。葱油的做法很简单。

主料：葱段、少许姜片和香菜。

辅料：八角、花椒、桂皮、香叶各少许。

①将所有材料一起放入油中。

②小火慢慢熬 10 多分钟。

③盛出来凉凉，拌凉菜时使用。

马上试一试！

果仁菠菜
（见本书第161页）

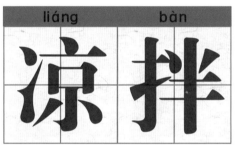

菠菜十分入味

表面有一层薄薄的油

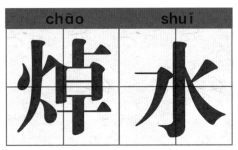

chāo shuǐ

焯水

预处理之一：焯水

焯水的作用可不小：肉焯水可去除异味；蔬菜焯水可增添色泽，同时去除清洗不掉的农药残留。但是，焯水可不是烧开水后把食材扔进去那么简单。

壹
美味有章法

重点与诀窍 1
肉类焯水的做法

肉类焯水须冷水下锅，否则，等水开了再放肉，肉的表面会立刻变熟，表面纤维收紧，从而阻碍肉里血水的释放，导致很多异味被锁在肉中，最后烧出来的肉味道就会差一些。

注意

☺ 肉类中的异味，比如牛羊肉的膻、鸡肉的腥等，除了来自食材本身，还有一部分来自肉里的血水。焯水时，食物本身的异味会分解一部分，加热的过程还可以使肉里的血水慢慢析出。如果觉得光焯水还是不够，可以事先把肉放在清水里泡一段时间，然后再焯水。牛羊肉味道较大，需要多泡一会儿；鸡肉味道比较小，可以不泡或者少泡一会儿。

马上试一试！

老汤羊蝎子
（见本书第 72 页）

—— 羊蝎子要冷水下锅

重点与诀窍 2
青菜焯水的做法

青菜也可以不焯水直接下锅炒，但焯过水之后再炒口感会更脆爽。如果直接炒，由于青菜是凉的，下锅后锅中温度变低，要想炒熟，只能延长炒制的时间，其后果就是青菜中的水分大量渗出流失，炒青菜变成熬青菜，这样成品自然颜色黄、口感老。

如果先用开水快速焯一下，一方面，可以去掉青菜中多余的水分；另一方面，开水使青菜的温度升高，下锅炒制时锅中温度不会变凉，这样全程保持高温烹制，便能缩短炒制时间，不至于使水分大量流失，炒出来的青菜就会脆嫩爽口。

另外，焯水的时候最好加一点盐和油。盐可以使青菜释放出更多的叶绿素，这样青菜的色泽会更鲜艳；油会使食材表面更鲜亮，且能保持温度，不会使食材很快变凉。

注意

☺ 青菜焯完后要立刻炒制，否则放置一会儿青菜会慢慢变黄。

☺ 如果焯水时已经放了一些油，那么下锅炒的时候只需再放一点油就可以了。

马上试一试！

冰爽椒香菜花
（见本书第 203 页）

—— 焯水的时候放一点盐和油

重点与诀窍 3
海鲜焯水的做法

海鲜焯水与肉类不同，需要开水下锅。因为海鲜基本上是白肉，没有血水，异味很小。另外，海鲜中水分含量很大，为了保持脆嫩的口感，焯水的时间越短越好，稍微煮一下即可出锅。海鲜千万不能冷水下锅，如果像焯肉一样冷水下锅煮海鲜，那么煮出来的海鲜肯定是老得咬不动，鲜味也都消失了。

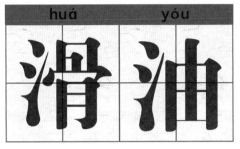

预处理之二：滑油

滑油也是中餐烹饪中非常重要的一步，不可轻视，一般适用于上浆的肉类。

重点与诀窍 1
油量宁多勿少

给肉类食材上浆，然后在锅中放较多的油，按照食材的质地，把油烧到三至六成热，把上浆后的食材放进油中制熟的过程，叫滑油。滑油时的油量以能没过要加工的食材为准。"滑"这个字在烹饪中的意义就是用较大量的温油把原料制熟。滑油可以使食材保持细嫩的口感，并且去除食材中多余的水分，以免在炒制的时候水分溢出导致失败，也使成品更加美观。

重点与诀窍 2
油温视食材种类而定

滑油的油温很重要，一般来说是五成热较好，有些特殊的食材则需要三成或是四成热，如肝类食材滑油时油温就需要低一些。滑油时的油温必须掌握好，如果油温太低，肉类下锅之后，表面上的浆很容易掉下来，这样就起不到任何作用；如果油温太高，接近于炸，那么即使上浆再好，水分也还是会流失，肉就会变老。

因为家中火力比较小，加上锅小，油也不会放太多，所以在滑油的时候油温可以稍微热半成左右，否则食材一下锅，油温就会下降得非常快，油温降得太低，就会脱浆。注意，要多次实践，灵活运用，才能成为高手。

马上试一试！ **酱爆鸡丁**
（见本书第 84 页）

滑油后的鸡丁口感滑嫩，如果不滑油，吃起来就会发柴，所以千万不要因为怕麻烦而省略了这一步。

二、调味的诀窍

先明确规则，再灵活变通，了解不同调味料的性质，最终找到"自己的味道"。

调味的重要性自不必说。别看每道菜的调料种类、用量都不尽相同，但它们背后其实有一些共通的原则。掌握了这些原则，你就可以利用本书介绍的菜谱，以及本书之外的其他菜谱，做出适合自己口味的美食。

如何利用菜谱中给出的分量

很多人觉得按照菜谱上要求的分量给食材、调料称重十分麻烦，而且，自己使用的调料与书中使用的调料在品牌、种类上都不见得一样，真的有必要这么精确吗？

调味，从精确称量做起

有些家常菜各种配料的分量不必太精确（一般在菜谱上就没有标明具体的分量），但多数情况下，配料应精确按照食谱给定的分量或比例进行调配，尤其是那些需要事先调配的酱汁，如宫保汁、糖醋汁等，它们的配比都是我们的老祖宗经过几千年的发展总结出来的，其中必有过人之处。对此，我有以下建议。

①尽量使用同一个牌子的同一种调料。

②第一次做的时候，尽量按照菜谱上要求的分量准确称量。

也许这个分量未必完全适合你的口味，但这样可以确立一个参考标准，让你知道你的口味和菜谱有多少差别，从而在菜谱的基础上略加调整，达到自己满意的口味！

马上试一试！ 糖醋里脊（见本书第 20 页）

口味酸甜的糖醋汁便是经典调味汁之一，务必完全按照菜谱试一试，味道非常不错！

壹 美味有章法

怎样做到不咸不淡

除了盐之外，还有不少调料是咸味的，而且经常会用到。因此，做菜时放盐一定要注意全局的把控，否则很容易导致菜品过咸。

咸味食材有哪些

①酱类：甜面酱、豆瓣酱、黄酱等。用于干烧鱼等的烹饪。

②酱油类：老抽、生抽、黄豆酱油（即本书原料中的"酱油"）等。用于红烧肉等的烹饪。

③咸味食材：豆豉、虾皮、海米等。用于盐煎肉等的烹饪。

怎么避免菜品过咸

①诀窍是先放其他咸味调料，最后酌量放盐。

②放盐之前一定要先尝一尝，如果咸淡适合，就无须单独放盐。

注意

☺有一种做菜方法特别容易出现菜品过咸的情况，就是"烧"。烧菜大多需要收汁，开始的时候汤汁比较多，如果你放完盐后尝过汤汁，觉得咸淡正合适，那么收汁之后，这道菜就会过咸，因为盐分不会随着汤汁蒸发。因此，做这类宽汤再收汁的菜，可以先不放盐或者少放盐。

马上试一试！ 焦蒜红烧肉（见本书第 40 页）

红烧肉因为炖之前用酱油煸炒过，所以此时加盐应谨慎。炖肉前汤汁尝起来应有微微的咸味才合适。

不用味精和鸡精，怎么提鲜

　　在家做菜讲究的就是健康，能不放味精和鸡精，就尽量不放。然而，味精和鸡精的提鲜作用虽不能说是决定性的，却也至关重要，如果不用它们提味，那怎么才能做出鲜美可口的菜肴呢？

鲜美大招

①买新鲜、优质的食材，这样的食材鲜味足，做出来的菜品味道就好。

②把握好火候，火候到位，食材才能达到最佳口感，让人吃得舒心。

③其他调味料的运用要恰当，可以适当地放些糖来提鲜，但要以吃不出甜味为前提。

④如果条件允许，可以熬一些肉汤来做菜，这样即便不放味精也有足够的鲜味。

提鲜妙方：自制高汤

选材

　　鸡肉、鸡骨头（鸡架子）、猪肉、猪骨头，选择其中的1~3种。

　　注意，牛羊肉异味大，除非用于牛羊肉的烹调，否则一般不用牛骨或羊骨熬汤。

熬制方法

①食材洗净，不切开或切大块。

②冷水下锅，水量要高出食材10~15厘米，烧开。

③放适量葱和姜，撇浮沫，关小火，让汤面保持微开状态，煮半小时左右。

④等食材差不多熟了，把火再关小些，让汤面保持平静，用浸的方法煮五六小时，具体时间视食材多少而定。

保存方法

　　高汤熬好后可以倒入冰格中，放入冰箱冷冻。使用时视需要取若干"冰块"化开。

更上一层楼

　　要想做出特别鲜美的高汤，就得在材料上花一番心思。建议选用以下食材。

①鸡肉：老一些的鸡更有味道，比如半年以上的老母鸡。

②猪肉：选用臀尖的纯瘦肉。

③金华火腿：选用纯瘦的部分，但注意火腿很咸，要少放。

注意

　　这种高汤因为使用了金华火腿，所以是有咸味的，做菜的时候放盐要小心。事先准备好这种高汤，做家常汤羹时也可以使用，味道绝好！逢年过节的时候，准备些高汤，张罗一桌好菜招待亲朋好友，定能宾主尽欢。

香料基础知识

　　在中餐烹饪中，香料的运用非常广泛，如红烧肉中会用到八角、桂皮等人们熟知的香料，川渝麻辣火锅和广东卤水中则用到了二三十种香料……香料的运用也包含着明显的地方特色，如川渝火锅麻辣料中必须使用排草、甘松等当地特色香料，它们会让味道更加香浓；广东卤水一定会用到罗汉果这种香料，其微甜的味道会让卤水变得更加柔和；另外，市面上出售的各种肉食都少不了香料的成分，如烧鸡、酱肉、麻辣香锅、麻辣烫等。可以说，如果没有香料的加入，中餐便会失去很多华彩，会失去很多让人流连忘返的美味。香料的世界博大精深，在这里我只是把平时做菜常用的一些基础香料的使用心得分享给大家，让大家对香料有一个初步的认识。

香料是什么

　　与其他调味料不同，香料属于中药，达到一定分量后便有医用功效。不过，中餐运用香料的目的是去异味、提香气，用量很少，所以，不必担心给身体造成不适。一些传世美味的配方往往出自名医之手，初意只是疗疾，不经意间却成就了一道佳肴。

　　中药有相生相克，香料的运用也要结合食材的特性，如此才能相得益彰，后味悠远。学习运用香料之前，先要了解一些香料的气味和药理，闻一闻香料和食材之气味是否相容，判断香料和食材一起烹煮对食用者是有益还是有害。

香料使用前的建议

　　先用温水泡洗，洗去表面浮尘；如果直接下锅炒，用水先泡一会儿还能让香料在油中多炒一会儿，使味道释放得更充分。

香料挑选的建议

　　很多卖香料的商家为了提高利润，都会往香料上喷水以增加重量，所以，在挑选香料的时候要先看看潮不潮，如果明显过于潮湿，那么一定是喷过水的。喷过水的香料一方面味道会受影响，另一方面易腐败，选购时一定要谨慎。去药店买是不错的选择。

　　另外，有些香料有两种不同的形态，价格也不一样。比如白豆蔻，便宜的白豆蔻外表包裹着一层石灰样的物质，比较重，颜色特别白；价格贵一些的白豆蔻就是原始形态的样子，是淡黄色的。二者相比，后者味道纯正，要注意辨别。

自制麻辣炒料专用香料粉

　　确实很麻烦，但也很值得，而且这做上一两就够你做个七八回烤鱼或者是麻辣香锅了，不必每次都得准备香料。

配方

　　大料5克，桂皮5克，草果1个，白芷5克，小茴香5克，丁香2克，甘草5克，山柰5克，白豆蔻2克，草豆蔻3克，香叶2克，良姜3克，甘松3克（总共约50克，用研磨器或搅拌机的研磨罐功能磨成香料粉）。

注意

◎上述香料打成粉后，尽量放在密封的罐子里保存，要是放在塑料袋里就应多套几层，否则味道很容易挥发。

①**八角**: 又名大茴香、大料,家庭常备"香料三剑客"之一。气味浓郁却不尖锐,用途极广泛,炖肉、炖鱼、制卤水等必不可少,用量稍大也无妨。购买时选干燥且颜色棕红的,闻起来无霉味、香气足。另外,要仔细数一下是否为 8 个角,因为有些八角里会掺一些类似于八角的东西,长相虽然差不多,却不是刚好 8 个角,这类东西不仅没有什么味道和价值,多食还容易引起中毒,所以不可掉以轻心。

②**花椒**: 家庭常备"香料三剑客"之一。味道麻香清新,去腥解腻效果极好,亦是川菜之灵魂。要做出味美的川菜,好花椒是必不可少的。购买时要尽量选完全裂开、没有籽的,颜色紫红为好。颜色发黑、没有开裂,且包着很多籽的花椒,一是味道不好,二是分量比较重。

③**桂皮(又名肉桂)**: 家庭常备"香料三剑客"之一,炖肉、制卤水好帮手,也是五香粉的成员之一。味道甜香微辣,去腥解膻功能很强。购买时尽量买一根根成细卷状的,价钱稍高,但味道更醇厚浓郁,整块如树皮状的价格虽便宜,但味道不是很好。

④**香叶(又名桂叶)**: 香气和桂皮类似,却不像桂皮那么浓郁,味道柔和,用量稍大一些亦可,西餐中用得也比较多。挑选时找干燥、颜色黄绿、闻起来味道比较浓郁的就可以。

⑤**草果**: 气味尖锐,有很强的去腥膻功效,在烹煮肉类的时候一定要少放,否则味道太大便会喧宾夺主,抢去主食材的味道。多适用于牛羊肉烹调,使用前可以用刀稍微拍一下,让其破裂,这样味道释放得更充分。购买时选形状饱满、颜色深棕、表面无白霜的。

⑥**白芷**: 根茎类香料,一般买到的是切成片的。香气极其尖锐,猪肉类菜肴中尽量少用,牛羊肉烹调中也要少放,做鸡肉时可放一小片,有助于提味。

⑦**山奈(又名砂姜)**: 切成厚片晾干,和白芷形状差不多,但没有白芷那么白,粤菜中用得较多,如做烧鸭、叉烧肉、卤水等。味道尖锐,做菜时要少放,也是咖喱的配料之一。

⑧**肉蔻(又名肉豆蔻)**: 香料中较贵的一种,味道很重,炖牛羊肉的时候放半粒便可,不可多放,比较提味。

⑨**小茴香**: 气味平和,用量可稍大。卤肉可用,做面食亦可,如烧饼、面包等。

⑩**丁香**: 卤肉用料之一,如做烧鸡时就是必不可少的香料之一。味道极其浓郁尖锐,不可多放。

⑪**甘草**: 公认的功效是止咳,味甜微苦,味道柔和,卤制肉食可增加甜味并带来柔和香气,一般为小圆片状,淡黄色。

⑫**白豆蔻(又名白蔻)**: 味道微辛辣,也是卤肉的原料之一,老北京的酸梅汤也会用到它。挑选时选颜色淡黄、表面没有纯白石灰粉末的为好。

⑬**草豆蔻(又名草蔻)**: 果实类香料,一般不单独使用,调制卤水、煮羊肉时可适当少放。

⑭**陈皮**: 橘皮晾干后的产物,味道浓郁。广东新会的陈皮较著名,有年份长短之分,年份长的味道更浓郁,价格也更高,用于肉食的烹制和饮料的调制。

⑮**紫草**: 天然植物色素,主要用于红油的炼制,可以使红油颜色更加紫红亮丽,但不可多放,适量即可。

⑯**红曲米**: 发酵后的糯米,颜色紫红,也是天然的色素,主要用于炖煮时给食材上色,但不可多用,否则菜品颜色会显得不真实。

⑰**良姜**: 味道辛辣,由一种产于广东、广西等地的鲜姜干制成,不宜单独使用,适合做卤水之料,味道非常突出,所以要少放。

⑱**砂仁**: 味道较柔和,大多数情况下,与其他香料一同用于卤水的配制,偶尔也单独使用,如山东名菜九转大肠出锅前就要撒砂仁粉等。

猪肉香

第二章

猪肉是生活中最常见的食材之一，也是最重要的食材。

五花的肥厚，里脊的细嫩，肘子的浓郁，下水的异香，等等，更多的猪肉家常做法，让我们的食味生活有了更多选择，变得更加出彩！

就在这里！

糖醋里脊

酸甜口味，外皮微酥，肉质鲜嫩。

"咔——"，一口咬下去，脆生生地带响，这就是糖醋里脊。与软炸里脊的酥软不同，糖醋里脊的外皮更为酥脆。要想让外皮特别酥脆，记住：分次加水、炸两次，还有——趁热吃！

贰 猪肉香

原料 （图1）

主料

猪里脊…………… 200 克

这里用的是通脊（通脊是猪脊椎骨内侧的条状嫩肉），也可以用更嫩的梅花肉或小里脊。一定要用嫩肉，这样哪怕炸的时间稍微长一些，也不至于咬不动。

腌肉调料

葱姜水……………… 适量

葱…………………… 适量

姜…………………… 适量

盐………………………… 1 克

胡椒粉……………… 适量

香油………………… 少许

脆浆糊调料

面粉……………… 250 克

淀粉………………… 25 克

泡打粉……………… 14 克

白糖………………… 10 克

清水……………… 360 克

油…………………… 15 克

这里提供的分量便于称量，但一次用不完。可以按比例适当减少，或者参考"灵活运用"部分，将多余的脆浆糊用于烹调其他菜。

糖醋汁调料

番茄酱……………… 25 克

白醋………………… 15 克

白糖………………… 25 克

盐………………………… 1 克

21

做法

准备原料

① 将里脊先切成厚1厘米左右的片，再切成宽1厘米的长条，放入碗中。葱切片、姜切丝，用适量冷水泡一会儿，做好葱姜水备用（图2）。

② 往肉条中分次放入准备好的葱姜水、盐、胡椒粉，再放香油，抓匀备用（图3）。

*这里怎么没见腌肉常用的淀粉呢？因为这道菜最后要裹脆浆炸，脆浆就是保护层，不必担心肉中的水分会跑掉。

*分次放葱姜水是为了让水一点点地渗入肉内，感觉肉不再吸水了，就不用再放了。

*香油要最后再放，否则水分就无法进入肉中。

③ 将糖醋汁调料中的所有成分都放入碗中，调匀备用（图4）。

调脆浆糊

④ 将脆浆糊调料中除清水和油以外的其他成分全部混合在一起，分次倒入清水，拌匀，直至成黏稠状。最后放油，调匀备用。

*调脆浆糊的水量很关键，这里给出的只是参考用量，实际用量视浓稠度而定，以脆浆糊能挂在肉上为好（图5）。

*搅拌的时候注意始终朝一个方向搅，不要一下放很多水，这样容易形成面疙瘩。加水要多次慢慢进行，稠了还可以补救，稀了就只能重来了。

裹糊炸里脊

⑤ 锅中多倒些油，烧至五成热。将裹匀脆浆糊的肉条放入油锅，用中火炸到表面定型且呈微黄色（图6），捞出。

灵活运用

在粤菜中，糖醋里脊的这层外皮叫脆浆。脆浆糊用途非常广，如粤菜里传统的炸脆奶、炸香蕉或鲁菜中的拔丝香蕉等，都要裹脆浆糊来炸。此外，在家中炸茄盒或炸藕盒，甚至炸小黄鱼也可以裹脆浆糊。

懒人妙招

如果调料不全或懒得调脆浆糊，可以直接用水加淀粉调成糊状，再加少许油调匀，制成简易版脆浆。如果不用番茄酱，可以换成米醋和酱油，调成传统的糖醋汁。

图1　图2　图3
图4　图5　图6
图7　图8　图9

⑥ 将油再次烧至七成热，将炸过的里脊再放下去，用大火迅速炸一下即捞出。此时里脊表面硬挺焦黄（图7）。

＊分两次炸是为了让表皮的酥脆感更为持久。第一次炸要把肉从内到外炸熟，所以用中火。这时就算觉得外皮已经硬了也别掉以轻心，因为过一会儿外皮就会发软，一定要再炸一次。

＊第二次炸就是为了炸出硬壳。因为里面的肉已经熟了，不宜再长时间炸制，所以要用高温大火速成。这也是一定要选嫩肉的原因。

勾糖醋汁

⑦ 将炒锅中的油倒出备用，把调好的糖醋汁倒进锅中，大火烧开。适当勾一点芡，浇一些刚才炸里脊的热油（图8）。

＊是否勾芡应根据番茄酱的稠度而定，如果糖醋汁下锅后感觉比较稠，就不用再勾芡了。芡汁太稠则裹不均匀，有的部位太薄，有的部位成坨，影响口感。

炒里脊

⑧ 将炸好的里脊放入糖醋汁中，保持大火快速炒匀（图9），即可出锅。

＊糖醋里脊最好炒出来就立刻食用，否则放凉了外皮很快会变软。

生肉怎么保鲜最好

生肉的储存时长——让生肉进入最佳食用期

刚宰杀完的肉立即烹调，尝起来并非最好吃。先在温度较低的环境中放一段时间，肉的风味才能达到最佳。在冷藏的这段时间（可以称作肉的"成熟期"）里，肉中的氨基酸会慢慢增加，烹调之后味道会更好。在家中，可以利用冰箱的"零度保鲜"功能，让肉保持似冻非冻的状态，这样既能避免肉类完全冻上再化开所导致的水分流失，也能防止温度太高造成肉质腐败。

每一种动物肉品的成熟期长短不同，简单来说，体重越大的动物，其肉品的成熟期越长。从宰杀后算起，鸡肉和鱼肉的成熟期需要2~3小时，猪肉和羊肉需要一到两天，牛肉的成熟期需要两三天甚至更长。可以参考这些时间，储存得久一些！

生肉的解冻——冷冻肉类的正确化冻方法

以下4种化冻方法，你常用的是哪一种？
A. 在冷藏室里化冻
B. 常温化冻
C. 放在水中化冻
D. 用微波炉的解冻档化冻

A 是正确的，其他3种都不可取。因为解冻过程中温度变化越快，肉中的水分就流失得越快，烹调后肉的口感都会特别柴，海鲜类食材更是如此。

每次把冻肉从冰箱的冷冻室中取出，在常温状态下化开的时候，都会发现有很多血水渗出，其实就是温度变化过快导致的水分流失。如果冻肉在冷藏室里化冻，温度下降得非常慢，那么肉中的水分几乎不会流失，肉品就能保持鲜嫩的状态，烹调之后口感较好。不过，在冷藏室里解冻需要花费较长的时间，建议提前一天把冻肉取出来放进冷藏室，为解冻留出充分的时间。

软炸里脊

咸鲜味，复合香气十足，外酥里嫩。

我们常说的「外酥里嫩」的「酥」有很多种，如果想要「酥软」的口感，便不得不提源自鲁菜的传统烹调方法——软炸，软炸里脊就是其中的代表。想想那酥软的表皮、多汁的嫩肉……这道菜在体现原味的基础上加大了腌料的用量，使得味道更加鲜美。

原料 （图1）

主料

猪小里脊…………… 200 克

小里脊是猪身上最嫩的一条肉，位于通脊的旁边。做软炸里脊时尽量选用鲜嫩的肉，除了小里脊，梅花肉也可以。

腌肉调料

黄酒……………… 10 克
葱姜水…………… 10 克
葱………………… 适量
姜………………… 适量
盐………………… 2 克
胡椒粉…………… 1 克
香油……………… 2 克
蛋清……………… 少许

这几种腌料都很重要，缺一不可。

软炸糊调料

面粉……………… 60 克
淀粉……………… 40 克
鸡蛋……………… 1 个
清水……………… 适量

淀粉越多，口感越酥脆，而软炸糊需要的是酥软的口感，所以，虽然面粉和淀粉的比例可以自行调整，但一定要保证面粉多于淀粉。

图1

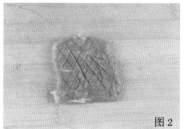
图2

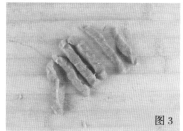
图3

图4

图5

图6

图7

图8

图9

做法

准备原料

① 小里脊先切成1厘米左右的厚片，接着用刀轻轻地在表面横竖交错地划几下（图2），然后将肉片切成1厘米宽的粗条备用（图3）。切适量葱姜，放碗中泡出葱姜水（图4）。

* 在肉的表面轻划少许花刀是为了让肉更易入味。注意别划深了，只要让肉表面有一点点切口就好。肉条要宽，因为肉熟后会缩小，如果切得太小，吃起来就感觉不到肉的存在，像在吃炸油条了。

② 将腌肉调料按照黄酒、葱姜水、盐、胡椒粉、香油、蛋清的顺序依次放进肉条中，搅拌均匀。腌半小时左右备用（图5）。

* 肉腌得是否充分是味道好坏的重点，除了常规的黄酒、盐及蛋清，还要用上胡椒粉和香油，而且分量要稍多一点，这样才能调出有层次感的复合香气。另外，盐的用量一定要足够，虽然软炸里脊可以蘸椒盐吃，但是如果咸味不足，香气也会略逊。

* 肉吸水需要一个过程，所以，葱姜水要慢慢地放，边放边搅拌，这样肉才能把水完全吸收。注意，肉质有差异，不一定要将葱姜水全部用掉。如果放葱姜水的过程中感觉肉不再吸收水分了，甚至开始吐水，就不要再加葱姜水。

调软炸糊

③ 将面粉和淀粉都放进碗中，再打入鸡蛋（图6），搅匀至没有面疙瘩。然后加清水，一边倒清水一边调匀，直到软炸糊能够附着在筷子上即可（图7）。

* 软炸糊的浓度以能够附着在筷子上为准，这意味着它也可以挂在肉条上。但软炸糊也别太稠了，保持能滴落的状态即可，若太稠，炸制之后口感不好。

裹糊下锅炸

④ 锅中多倒些油，大火烧至六成热左右。腌好的肉条放进软炸糊中拌匀（图8），再用筷子将肉条一根一根地快速放进油里，炸至表面金黄（图9）就可以捞出。

* 油温宁高勿低，因为小里脊肉嫩，很容易熟，只要表面的糊炸酥、上了色，里边的肉肯定已经熟了。如果不知道如何把握油温，面糊就是测试油温的好工具。用筷子挑一点面糊滴到油中试一下，如果面糊沉底后能立刻浮上来，此时的油温就差不多是六成热。

灵活运用

脆嫩的食材都适合软炸，如虾仁、鸡肉、鱼肉等。最常见的是软炸虾仁。不过虾仁本身很脆嫩，也不吸水，可以不必放葱姜水，黄酒也要相应少放。所以说，腌肉调料的比例要根据食材的特性进行微调，切不可生搬硬套。

黑椒焗の小里脊

浓郁的黑胡椒味，微微辣，肉质细嫩。

这是一道偏西式的菜。首先，烹调方法是偏西式的；其次，万能的黑椒汁也是西式的。不过，由于原料不一样，可不能像牛排那样来个三分熟，还是得先把肉做熟！要问为什么黑椒汁特别香浓？黄油面粉来"勾芡"！

准备原料

① 去掉小里脊表面的白色筋膜，然后挤出鲜柠檬汁涂抹在小里脊表面，再撒上适量的盐和黑胡椒碎，腌渍至少1小时（图2）。

* 筋膜咬起来特别费劲，一定要去掉，否则会影响口感。

熬黑椒汁

② 胡萝卜、洋葱和大蒜切末（图3）。黑椒汁调料全部倒入碗中调匀。

③ 锅烧微热，放入黄油加热至熔化（图4），接着一点点地放入面粉，小火炒匀，直至有些黏稠且有香气飘出，盛出备用（图5）。

* 面粉需少量多次地放，才能炒得均匀，若一次性倒入会产生很多面疙瘩。另外，火不能大，否则容易炒煳。

原 料	（图1）
主料	
猪小里脊	400 克
黑椒汁调料	
黑胡椒碎	适量
清水	80 克
蜂蜜	10 克
生抽	10 克
蚝油	10 克
番茄酱	10 克
其他调料	
鲜柠檬	适量
盐	适量
黑胡椒碎	适量
洋葱、大蒜	各适量
胡萝卜	适量
无盐黄油	少许
面粉	少许

如果没有黄油，也可以用适量淀粉和水代替，不过味道会逊色一些。

图1

图2

图3

图4

图5

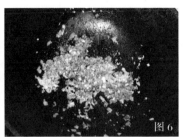
图6

图7

图8

图9

图10

④ 锅洗净烧热，倒少许油，用中火将切好的胡萝卜、洋葱和大蒜末炒香，接着放适量黑胡椒碎炒出香气（图6），再将调好的黑椒汁调料倒入锅中，以大火烧开，随后转小火稍微熬一会儿，最后均匀地倒入炒好的黄油芡汁即可。

　* 黑胡椒碎要多放一些，宁多勿少，不然味道不浓！

　* 黄油芡汁不要放得太多，保证黑椒汁既有黏性、又呈流动状态就可以了。

煎肉、烤肉

⑤ 将锅烧热，倒少许油，把腌好的小里脊放入锅中，开大火将小里脊两面煎黄（图7），捞出。

　* 煎小里脊时最好选用厚底锅，火开大一些，目的是让肉的表面快速成熟，纤维收紧，这样烤制时可以适当地锁住水分。

⑥ 将煎好的小里脊放入黑椒汁中，让小里脊表面均匀地沾上黑椒汁（图8），然后将小里脊放在刷过油的烤盘中。

⑦ 将烤箱上下火都设定在180℃，预热10分钟。预热后，将小里脊放置在烤箱中层烤15分钟左右，中间取出再刷一次黑椒汁（图9）。

　* 不同的烤箱存在差异，烤制时间以具体烤箱为准。

　* 用牙签从肉最厚的地方扎进去，然后拔出牙签观察一下扎口：如果从小眼儿流出来的是透明的汁液，说明肉已经熟了；如果带点儿红色，还有血水，说明肉还没熟，需要再烤一会儿。

⑧ 把烤好的小里脊切成厚片，将黑椒汁加热后再浇上去（图10），就可以食用了。

　* 因为之前用生肉沾过黑椒汁，这里将黑椒汁加热一下可以杀菌消毒。

灵活运用

　黑椒汁可以说是一种万能调味汁，不妨多做一些黑椒汁，存放起来，以备不时之需。不过，家庭调制黑椒汁最多准备3~5天的分量，因为没有防腐类添加剂，冷藏存放超过5天的黑椒汁就会失去其风味。用黑椒汁炒肉片、鸡肉条、烤鸡翅、排骨等，都是不错的选择。

更上一层楼

　再介绍一种正宗的西式黑椒汁做法。先熬牛骨高汤。

① 买两块新鲜的牛骨，让卖家剁开。

② 把牛骨放入烤箱，用中大火烤至表面金黄。

③ 把烤好的牛骨头放进热水锅里煮汤，同时放入适量的洋葱、胡萝卜、芹菜和完整的黑胡椒粒，熬煮几小时。

　用牛骨高汤做的黑椒汁，味道会更加鲜美，黑胡椒香气也会更加浓郁。如果嫌熬牛骨高汤麻烦，哪怕是煮点儿蔬菜水来做，味道也会提升一个档次！

在家做叉烧肉虽不及外面明炉挂烤的美味，但只要腌肉的时间足够，烤制的火候把握好，味道也相当不错。当夹起一块叉烧，对着一缕阳光看过去时，肉片红艳通透，一滴油挂在底部，欲滴未滴，闪着诱人的光芒。一筷子丢进嘴里，甜甜的酱味扑来，浓浓的蒜味扑来，焦焦的肥香扑来，好似一只瑞士圣伯纳巨犬扑来，令人醉倒！

叉烧肉

酱香和甜香交织，蒜香也不甘示弱，稍有些许韧性但足以咬烂。

原 料 （图1）

主料

猪梅花肉·············· 800 克

梅花肉位于猪颈肩上，肥瘦相间，烤出来的口感非常滋润。如果没有梅花肉，用去皮五花肉也可以，总之不能用纯瘦肉，太柴。

腌肉调料

柱侯酱··············50 克
海鲜酱··············50 克
磨豉酱··············50 克
生抽··············30 克
蚝油··············20 克
白糖··············10 克
盐·············· 2 克
鸡蛋··············一个
淀粉··············少许
葱姜蒜··············各适量
玫瑰露酒··············少许

三种酱可以只选其二，只是味道会差一些，也可以用专门的叉烧酱。玫瑰露酒可以用黄酒代替。

其他辅料

红曲米··············适量
麦芽糖··············适量

麦芽糖可以用蜂蜜代替。

图1

图2

图3

图4

图5

图6

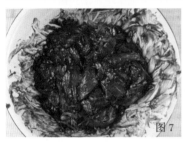
图7

图8

图9

做法

准备原料

① 梅花肉切成厚薄均匀的长条，厚约1厘米即可（图2）。葱切小段，姜切片，蒜切粒备用（图3）。

*肉切成长条时，要注意顺着纹理切，否则容易断，影响菜品的"形"。肉不要切太厚，太厚则不好入味且不易熟；但也不能太薄，太薄则一烤就干了。

*如果喜欢蒜味重的叉烧，蒜可适量多加一些。

② 红曲米放入锅中加少许水烧开，用小火熬10分钟左右凉凉，留汤备用（图4）。

*因为叉烧肉烤出来呈红色才好看，所以用天然色素红曲米来上色。煮红曲米的时候水要少，火要最小，慢慢熬出浓汁。

③ 将麦芽糖放入锅中，倒少许水，用小火熬成糖浆，盛出备用。

*麦芽糖非常黏，不容易直接刷在肉上，所以要提前将它熬成糖浆。

腌肉

④ 将所有腌肉调料倒入盆中（图5），加适量红曲水搅拌均匀（图6），将切好的肉放进盆中拌匀（图7），腌5小时以上。

*放腌肉调料时，淀粉最后放。红曲水的量别太大，否则腌肉酱太稀，在肉上挂不住。

烤肉

⑤ 烤箱上下火各200℃预热15分钟，将腌好的肉摆在箅子上（图8），放进烤箱中层烤15分钟，然后取出刷一遍糖浆，翻面再烤15分钟左右，再刷一遍糖浆并烤1分钟就可以了（图9）。

*烤箱要提前充分预热。烤肉时最好用箅子，不用烤盘。因为烤肉会出水，水存在盘中会让烤出来的肉湿乎乎的，不够干爽，油气不足，影响味道。用箅子的弊端是水和油会直接滴到下方离加热管很近的接渣盘上，非常不容易清洗，因此最好在接渣盘上垫一层锡纸，烤好后揭去锡纸即可。

灵活运用

用烤叉烧肉的方法烤鸡翅、鸡腿也不错，甚至可以尝试烤鱼。特别需要注意的是，烤鱼必须用新鲜的鱼，而且腌之前最好用黄酒和葱姜提前去腥味。

食材笔记

柱侯酱、海鲜酱、磨豉酱都是粤菜里常用的调料。海鲜酱偏甜，是做叉烧肉一定会用到的，还可以当作蘸料；柱侯酱是一种味道很特别的酱，蒜味比较浓郁，咸甜适中，主要在热菜中使用，如炖牛肉、蒸扣肉等；磨豉酱用得比前边两种酱要少一些，味道偏咸。如果要排名的话，三者之中磨豉酱的作用最小，有就放，没有就不放，不会影响整体的味道。

豆花水煮肉

喷香的麻辣气息，混杂着葱蒜的清香，肉嫩，豆腐更嫩，黄豆香酥。

川菜口味变化多端，制作方法也层出不穷。

在传统水煮肉的基础上，加一点点新花样，就可以做出令人赞叹不已的好菜。这道豆花水煮肉，依旧是肉片滑嫩，但是多出了炸黄豆的酥香和锅底嫩豆腐的软滑，味道层次截然不同。一道菜里可以尝到两三种食材的味道，却又互不相扰，浑然天成，着实令人快慰！

原　料　　　　（图1）

主料

猪梅花肉··········· 800 克

这道菜吃的就是一个滑嫩，因此要用细嫩的瘦肉。梅花肉和里脊都可以，更嫩且带有些许雪花纹理的梅花肉是上选。

辅料

石膏豆腐··········· 适量
干黄豆············· 适量

石膏豆腐即南豆腐，水分含量大，没有盐卤味道。如果有豆花更好。

腌肉调料

黄酒············· 5 克
盐··············· 1 克
蛋清············· 适量
干淀粉··········· 适量

其他调料

豆瓣酱··········· 30 克
黄酒············· 10 克
酱油············· 10 克
盐··············· 3 克
白糖············· 3 克
干辣椒、花椒····· 各适量
葱姜蒜··········· 各适量

干辣椒最好用二荆条或朝天椒，香气足、颜色好。

图1

图2

图3

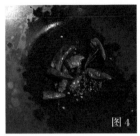
图4

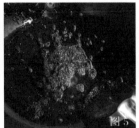
图5

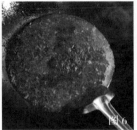
图6

图7

做法

准备原料

① 梅花肉逆着纹理切成厚2毫米的薄片（图2），按照黄酒、盐、蛋清、干淀粉的顺序，依次下腌料，并用手抓匀至粘手，腌10分钟。

② 豆瓣酱剁细，葱姜蒜切末备用。

③ 干黄豆用凉水泡半小时至表面褶皱，开中小火，用温油（四成热）炸至酥香（图3）。

　*干黄豆如果直接炸表面很容易煳，所以要泡一下水。炸时一定要用中小火慢炸才会酥，时间稍微长一些，不要急。

煸炒花椒和辣椒

④ 炒锅中放少许油，先放花椒，开中火煸炒一下，接着放干辣椒，和花椒一起炒至表面呈棕红色，并有香气飘出，关火（图4）。盛出凉后捣碎或擀碎，备用。

　*花椒比较耐炒，所以要先下锅，稍炒一会儿再放干辣椒，这样才能令二者同时达到呈棕红色的最佳状态。

　*花椒和干辣椒只有炒至棕红色，香气才能充分地释放，否则就只辣不香。如果炒黑了，就只剩煳味了。

炒汤料

⑤ 先将豆腐切成厚0.5厘米的大片，放进碗中垫底，倒入开水烫热，然后将开水潷出。

　*因为豆腐非常容易碎，不能和肉一起煮，所以要先烫热，这样不但把豆腐烫热了，也把盛菜的碗烫热了，可以使最后的菜品更持久地保温。注意要把水潷干净，以防清水稀释煮肉的汤，使味道变淡。

⑥ 锅中倒适量油，以中小火温油煸炒豆瓣酱，至出红油、出香气，再放葱姜末炒香，开大火，放酱油和黄酒炒出香气（图5）。

　*豆瓣酱要用小火温油慢炒才会香，调料要按顺序投放。

⑦ 接着往锅内倒适量热水，下盐、白糖，烧开，小火煮2分钟，使汤的味道更浓郁（图6）。

　*煮肉的水量需要结合实际来调整，汤没有味道则是放多了，肉烫得不熟而且汤变得像糨糊则是放少了。

煮肉

⑧ 开大火，将腌好的肉片分散地放进汤中烫熟（图7），随后连肉带汤倒进盛放豆腐的大碗中。

　*下肉片的时候切勿一次性全放进去，那样肉会粘在一起，且汤极易变凉。应该用手捻着肉片转着圈分散地放进锅里，但是速度要快，以免肉熟得不均匀。

⑨ 将捣碎的花椒和辣椒放在表面，再放上蒜末，将烧至八成热的油浇在上边激发出香气，再撒上炸黄豆即成。

　*热油要多一些，而且一定要浇在花椒、辣椒、葱蒜末上，充分激发出它们的香气。

灵活运用

这种先炒调料再煮肉的做法适用于很多食材，各种肉类，如鸡胸切片、羊肉片或鱼片，都可以。碗底垫的食材除了蔬菜、豆腐外，也可以是木耳、蘑菇等菌类。如果嫌炸黄豆麻烦，也可以换成碎花生米或撒点熟芝麻等。只要掌握了技法，就能开动脑筋，随心所欲地创作自己的独家美食了。

贰　猪肉香

鱼香小滑肉

咸鲜酸甜辣，味道一层层剥开，肉细嫩，笋清脆。

这道菜以前是用肉的下脚料来做的。何为下脚料？整块肉切肉丝或肉片前需要把肉的边边角角切掉，这样切出来的肉片或肉丝会更工整，那此边边角角的碎肉就是下脚料。这些碎肉扔了可惜，于是厨师开发了这道菜，结果非常受欢迎，反倒成了主力菜品。可见，只要烹调方法好，不规整的零碎肉也能做出一道亮眼的好菜。这道菜下饭的效果一流，连汁带肉浇在饭上，那是无法阻挡的美味！

原　料 （图1）

主料

猪梅花肉…………… 200 克

这道菜适合用嫩肉制作，如梅花肉或小里脊。梅花肉略带肥的，吃起来更香。

辅料

青笋、木耳……… 各适量

如果没有青笋，用冬笋或鲜笋也可以。

腌肉调料

盐……………………	少许
黄酒…………………	5 克
蛋清…………………	少许
干淀粉………………	适量

鱼香汁调料

黄酒…………………	10 克
酱油…………………	15 克
米醋…………………	15 克
白糖…………………	20 克
干淀粉………………	适量

其他调料

泡椒…………………	30 克
葱姜蒜………………	各适量

为了突出鱼香味，葱姜蒜的比例大致是葱和蒜多一些，姜较少。如果有泡姜，味道会更好。

图1

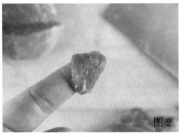
图2

图3

图4

图5

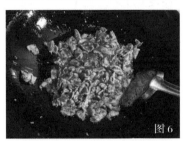
图6

图7

图8

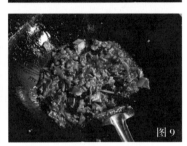
图9

做法

准备原料

① 梅花肉切成指甲盖大小的薄片（图2），按盐、黄酒、蛋清、干淀粉的顺序依次放入腌肉调料，抓匀，腌上备用（图3）。

  * 肉要切得小一些、薄一些，这样好熟又易入味，切得太大，味道、口感都不好。

② 将鱼香汁的所有调料倒入碗中，不断搅动，直至白糖完全溶解、淀粉均匀地混合在水中，没有小疙瘩，备用。

  * 因为泡椒比较咸，而且酱油中也有盐分，所以不必单独放盐。
  * 肉的滋味很大程度来自包裹的芡汁，为了能挂上汁，淀粉要放够，但太稠就变成糨糊了，所以要把握好度。不同品牌的淀粉质量不同，需要反复实践才能掌握好比例。

③ 泡椒剁细，葱姜蒜切末（图4）。青笋、木耳切小片，用开水烫一下备用（图5）。

  * 泡椒剁得越细越能出红油，味道就越好。如果有绞肉机，可以用绞肉机把泡椒绞碎。
  * 烫青笋、木耳这一步不能省略，这是为了之后青笋、木耳下锅时不降低锅中温度，从而让整道菜能快速出锅。

炒肉片

④ 炒锅中放足够多的油，烧至六成热，下肉片，用大火炒散，约5秒。

  * 炒生肉时需要多用一些油，否则肉片容易粘在一起，不仅不好看，口感也不好。
  * 刚开始炒肉片的油温不能太高，否则肉片容易老，泡椒也容易煳。六成热的油温比较合适，既能让肉片慢慢变熟，也可以让泡椒的味道释放得更充分。
  * 大火才能激发出香气，这道菜尤其需要大火。家用灶具相对来说火力小，要保持全程大火。

⑤ 紧接着下剁细的泡椒炒出红油，约10秒（图6）。肉片发白后放姜蒜末炒香（图7），注意此时还不能放葱末。接着放入青笋、木耳（图8），约炒10秒。最后倒入调好的鱼香汁炒散，放葱末，收汁出锅即成（图9）。

  * 这一步从泡椒下锅开始，要严格按顺序放调料，否则味道会有偏差。其中葱末是做出鱼香味的关键，只有最后放才能让鱼香味更突出。另外，青笋和木耳不能多放。

懒人妙招

四川菜讲究"一锅出菜"，就是原料不滑油而直接下锅炒，这样做出来的菜肴味道好。但是，肉片容易粘锅，如果你觉得没有把握做好，可以先把肉片过一下油再炒。

盐煎肉

味道咸鲜，酱香气浓，肉片柔嫩中带些微脆。

盐煎肉和回锅肉号称「姐妹花」，因为这两道菜的做法和口感十分相像。要说不同之处，在于回锅肉是先煮再炒，口感更加软糯，而盐煎肉是直接炒出来的，其肉片更有嚼头。虽然回锅肉名气更大，但其实二者各有千秋，都值得一试。

图1

图2

图3

图4

图5

图6

图7

图8

准备原料

① 猪后腿肉去皮，切成大片，约6厘米长、3厘米宽、0.3厘米厚（图2）。

  * 做这道菜要把肉皮去掉，因为肉皮比较硬，炒出来的口感和肉的口感相差较大，尝起来会让人产生混乱感。

  * 肉片不能切得太小，因为不仅瘦肉中的水分会渗出，肥肉中的脂肪也会析出，煸炒之后体积会缩小很多。肉片过小，炒出来就很可能像一盘"指甲盖"，不仅不美观，吃起来也不过瘾。

② 豆瓣剁细，豆豉捏散，姜切末，青椒切块备用（图3）。

  * 豆瓣一定要剁细，有利于煸炒的时候充分释放出香味；豆豉剁不剁都可以；青椒用手掰也是个不错的办法。

炒制

③ 炒锅烧热，倒适量油，油温约六成热时下肉片，用中火煸炒半分钟左右（图4），放豆豉再煸半分钟（图5）。

  * 炒肉之前最好先把锅烧热，并用油刷一下表面，因为要炒的是生肉，容易粘锅。

  * 煸炒肉片时火不能太大，温度不能太高，因为肥肉中的脂肪必须通过慢慢地煸炒才能被"逼"出来，这样烹调出的盐煎肉吃起来才不会腻，也才有香气。

④ 火关小些，将肉推至锅边，放入豆瓣酱，温油炒香，直至出红油（图6）。

  * 豆瓣的香气对于这道菜非常重要，而只有将豆瓣酱煸透才能出香气、出红油。煸透的标志是不再闻到酸气，且水汽变少。

⑤ 开中大火放姜末，加入黄酒和酱油与肉片一起炒香，约半分钟（图7）。最后将青椒放入锅中，炒15秒左右即成（图8）。

  * 放入青椒之后不能炒太久，吃的就是其清脆的口感，青椒本身也可生吃，用中大火快炒去除青椒的生味就可以了。

食材笔记

  盐煎肉正如其名，调料中带咸味的非常多，有豆豉、豆瓣、酱油等。因此，做这道菜时要注意避免过咸。

  豆豉和豆瓣酱是一定要保留的，为了减少咸味，可以不放盐。但有时候这样还是过咸，这时可以去掉调料中的酱油，滴一点老抽上色即可。如果还觉得咸，可以少用一些豆瓣酱。总之，需要在这几种调料之间找到一个咸味的平衡点。

干炸小丸子

咸鲜口味，肉味香浓，酥脆的表皮，柔软的心。

这是一款老北京的好吃食。想要炸出外酥里嫩，而且表皮的酥脆口感能够保持一段时间的丸子并不容易，但只要掌握几个重点，也不算太难做到。干炸小丸子那独特的口感、焦香诱人的气味，一定会让你在逢年过节的家宴上赢得众人称赞。

原　料	（图1）
主料	
猪肉馅	200 克

所谓"肥三瘦七"，肉馅中肥肉占三成比例时最香。因此，用前臀尖肉最好，用五花肉、肋条肉或后臀尖肉也可以。

调料	
黄酱	5 克
五香粉	3 克
盐	2 克
玉米淀粉	30 克
鸡蛋	半个
葱姜水	50 克
葱	适量
姜	适量
香油	适量

图1
图2
图3
图4
图5
图6
图7

做法

准备原料

① 葱切片，姜切丝，放入碗中，用适量清水泡半小时，做成葱姜水备用（图2）。

＊葱姜尽量切小、切细，这样可以让水更快地吸收葱姜的味道，但也别太小，不然取水的时候不容易沥出来。

＊干炸小丸子是炸出来就吃的菜，为了保持美观，尽量不要在肉馅中放葱姜末，因为炸的时候葱姜末容易被炸黑，不仅不好看，还有煳味，所以改用葱姜水，调味作用一样，但炸制后不会影响菜肴的美观。

调肉馅

② 肉馅中放黄酱、五香粉、盐和半个鸡蛋（图3），朝一个方向搅匀。

＊黄酱不能多放，否则在炸的时候颜色会迅速变深，那样丸子熟后就变成了黑丸子。

③ 在淀粉中加入葱姜水调开（图4），做成淀粉水。将淀粉水分次倒入肉馅中，快速拌匀，每一次都要待水被肉馅吸收后再继续倒入淀粉水。

＊丸子里淀粉多一些，炸成后表皮就会更加酥脆，但如果只放淀粉不放水，那么丸子炸出来的口感会很硬，不够嫩，所以要用淀粉水。

＊50克葱姜水可能不必都用完，也可能需要更多，因为肉馅的品质不一样，有的肉含水量多些，有的少些，加入葱姜水的分量以肉馅能够挤成丸子形状而不塌为准。

④ 最后放些香油再搅匀（图5），挤成小丸子放在抹过油的盘子上备用（图6）。

＊搅拌肉馅的时候自始至终都要朝一个方向搅拌，这样才能上劲。

炸丸子

⑤ 锅里倒多些油，大火烧至五六成热，下小丸子后转中火，炸至丸子表面结硬壳，然后用笊篱捞起，用铲子或勺子使劲拍打一下丸子，接着将丸子放回锅里，用中火再炸一会儿，至外壳完全硬了捞出即可（图7）。

＊炸丸子的油温应保持在五六成热，慢慢炸，让丸子里的水汽慢慢释放，也让表面慢慢形成坚硬的外壳。这样，丸子表皮酥脆的时间更为持久。炸制时间需10分钟左右。如果一开始就以大火猛炸，那么表皮上色很快，看起来表皮似乎也很硬了，但是捞出来后表皮就会立刻变软，因为炸的时间太短，丸子里水汽太大，出锅后表皮受这些水汽影响，就容易变软。

＊炸的中途捞出来拍一下，是为了把丸子里的空气挤出来，丸子里热气少了，表皮的酥脆才能保持得更久。

＊如果觉得炸时上色过快，那么可以关火炸一会儿再开火。

灵活运用

这种方法可以用于炸各种肉丸，注意根据肉的种类和味道变换调料。比如炸牛肉或羊肉丸子时，因为牛羊肉膻味大，要多放些五香粉，或将葱姜水调得更浓一些。

更上一层楼

和这道干炸小丸子最配的蘸料非椒盐莫属了。椒盐蘸料怎么做呢？干锅烧热，放上优质的生花椒和盐，用小火慢慢煸几分钟，待盐变成淡黄色，香气扑鼻，便盛出凉凉，将之捣碎，上好的椒盐蘸料就出现在眼前了。

贰 猪肉香

丸子的外表如岩石般粗糙，吃起来却是细腻滑嫩，正应了那句歌词："我很丑，可是我很温柔。"不过，要想让它成为一颗肉馅饱满的美味丸子，在肥瘦比例和捏制手法上都有一点小技巧。一起来看看吧！

家常炖丸子

丸子松软，有嚼劲，咸中有鲜，带些许香料和腐乳香气。

原　料 （图1）

主料

猪肉馅	750 克

肉馅的选择同"干炸小丸子"。

拌肉馅调料

酱油	10 克
黄酒	10 克
盐	1 克
胡椒粉	适量
葱姜末	各适量
鸡蛋	1 个
湿淀粉	适量

湿淀粉就是用少许水把干淀粉溶化后再待其沉淀，然后用手能抓起来的黏糊糊的淀粉。用这种淀粉拌肉馅比干淀粉更滋润。

炖丸子调料

酱油	20 克
黄酒	20 克
干黄酱	20 克
红腐乳	1 块
八角	4 个
桂皮	一小块
葱段姜片	各适量

如果没有干黄酱，可以用黄豆酱，如果黄豆酱也没有，那就稍微多放点酱油。

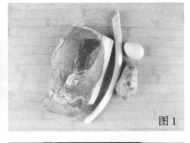
图 1

图 2

图 3

图 4

图 5

图 6

图 7

图 8

腌肉馅

① 将拌肉馅调料按调料表中的先后顺序放进馅中（图2），朝一个方向搅拌均匀，最后放湿淀粉，再次调匀至有黏性即可（图3）。

  * 调料最好按顺序放。鸡蛋如果很大，放半个就够，别让馅变得太稀。放葱姜末的丸子炸出来会有些许焦煳的黑点，对于炖这种烹调方法来说则不受影响。也可以将葱切丝、姜切末，加冷水做成葱姜水使用。

炸丸子

② 用手将肉馅挤成丸子（图4），放在抹过油的大盘子里。锅中多倒些油，烧至七八成热，将丸子都放入锅中，以中大火炸至表面焦黄即可捞出（图5）。

  * 先把丸子挤出来放在盘子里，虽然会变形，但好处是速度快且上色统一。如果现挤丸子，一个一个地放入锅中，好处是丸子不会变形，但缺点是速度慢且上色不统一。采用后面这种方法时要注意火力和油温不能太高，否则前边放的丸子都炸煳了，后边放的丸子还没上色。

炖丸子

③ 将锅中的油倒出，不用洗锅，直接将炸好的丸子倒进去（图6），加热水，至丸子刚刚被淹没就可以。

  * 先放丸子再加水，方便衡量水量，因为这道菜不用炒调料，所以可以用这个方法。

④ 接着按调料表中的先后顺序放入所有炖丸子调料，大火烧开（图7）。

  * 黄酱不要一大块全放下去，要掰成小块分散着放，否则炖不开；腐乳也是同样道理，要分成小块放进锅里。不用放盐，因为腌肉馅时已经调味，丸子本身就有味道，加上汤汁中有酱油、黄酱和腐乳等，咸味就够了。

⑤ 盖上锅盖，小火慢炖1小时左右即可（图8）。

  * 炖的时候让汤面微开就可以了，否则可能汤烧干了丸子还没炖入味。

灵活运用

这里介绍的炖丸子的方法还可以用于炖肉。有道菜叫"支部招待菜"，里边有丸子、厚猪肉片，还有土豆等，就是这么炖出来的。不过，要想让厚猪肉片和丸子一块儿熟，猪肉片需要先过油炸一下。在家里制作这道菜时，可以先把肉煮一会儿再和丸子一起炖，煮肉的汤正好当高汤用。

懒人妙招

剁肉馅确实是个恼人的活儿，甩得哪儿都是肉渣，而且剁得手酸软无力。如果想省事，可以用现成的肉馅，不过建议自己买肉，到店里让店家当面绞肉。另外，绞馅用不上的肉皮可以带回家自制肉皮冻。

焦蒜红烧肉

口味咸甜，带着浓浓的焦蒜香，味道特别提气，口感软糯，肉皮柔韧。

红烧肉可谓最古老、最经典的中国菜。当南北派做法的差距越来越小，加一点新意在其中，就能创造独特的风味。只要把炸蒜的火候和放蒜的时机掌握好，这道菜就很容易做成功。它最大的亮点便是养眼的枣红色、柔韧的肉皮和浓郁的蒜香，有着意想不到的好味道。

烙猪皮

① 猪皮择净残毛，擦干水。炒锅烧热，倒入少许油。

　＊烙猪皮的油无须太多，油多了易迸溅而导致烫伤。

② 猪皮向下放入锅中，用中火将猪皮烙至焦黄发硬（图2）。

　＊烙猪皮时应不时翻动，因为猪皮受热会收缩，有些地方不易烙着，要用铲子按压一下，但不能压着不动，得让肉皮在锅底来回滑动，才能使其均匀受热。

　＊喜欢口感筋道的在这一步可以多烙一会儿，这样炖出来的红烧肉口感更韧。

原　料	（图1）
主料	
精五花肉	1000 克
必须是五花肉，层次越多越好，不能太瘦。	
辅料	
大蒜	2 头
调料	
酱油	20 克
冰糖	40 克
黄酒	20 克
盐	8 克
八角	4 个
桂皮	1 块
葱姜	各适量

图1　图2　图3
图4　图5　图6
图7　图8　图9　图10

焯肉

③ 整块五花肉冷水下锅，放少许葱姜，大火烧开，撇去浮沫，煮10分钟左右（图3），捞出凉凉，切成3厘米见方的大块备用（图4）。

* 整块肉下锅焯水可以保存更多的香气，煮过肉的汤可以用来烧肉。

懒人妙招

如果不烙猪皮、不炸蒜，做出来的就是老口味的红烧肉。如果喜欢的话，可以加入鸡蛋、豆结等。

炒糖色

④ 锅中放少许水和冰糖，中火烧开后，转小火慢慢熬至大泡变小泡，此时糖色呈红棕色（图5）。

* 熬的时候要不停地搅动，避免粘锅。

煸炒肉块

⑤ 将肉块倒入锅中，开中大火煸炒几下，使其粘匀糖色。再放入葱姜、八角和桂皮炒几下（图6），接着放酱油和黄酒爆香。

* 这一步中肉下锅不能炒太久，否则糖色会煳掉，炒至糖色均匀即可。

烧肉

⑥ 加热水或肉汤，放盐，大火烧开，加锅盖，转小火慢烧1~1.5小时（图7）。

* 烧肉时必须一次性把热水加足，中途不能再加水或揭锅盖，否则味道会变淡。

炸蒜

⑦ 离肉烧好还差15分钟左右的时候，将大蒜剥好，大的蒜瓣切成两半。炒锅中放适量油，烧至七成热，开大火将蒜炸至表面焦黄（图8）。将蒜捞出，直接倒进烧肉锅中，搅匀（图9），再烧10分钟，大火收汁即可（图10）。

* 并不是加了蒜就有蒜香味，一定要注意以下3点：蒜要多，否则没有蒜味；炸蒜时一定要用大火热油，这样才能快速上色，且激发出更多的蒜香；蒜必须在肉烧得差不多（大约还剩10分钟）的时候开始炸，炸完立刻扔进烧肉锅中，若放凉了才入锅或者太早下锅，都会损失蒜香味。

* 放蒜之前最好先调大火收一下汁，等汤汁变少一些再放蒜，因为放蒜后只能再烧10分钟，如果这段时间汤汁太多收不完的话，成品味道会变淡。

泡椒姜汁肘子

肘子炖得十分软烂，蘸着汤汁吃起来味道浓郁，微辣咸甜，姜味突出，尤其是带皮带肥肉的部位。

这是一道以酱汁取胜的菜，重中之重就是酱汁的调制。其酱汁的炒法类似鱼香汁，不同的是由于姜的大量加入，其姜味很突出。成菜后需做到咸、甜、酸、辣互不干扰，不能让其中任何一味变得尖锐，故而做这道菜要求烹饪者拿捏好分寸，把握火候及各种食材入锅的时机等。炒菜前要把所有调料准备好，否则，临时准备调料，错过了加入食材的最佳时机，整体的火候不对，口感及味道就会受到影响。

做法

炖肘子

① 肘子刮去表面残毛，洗净，冷水下锅，放少许姜煮开后，关小火煮至肘子软烂，三四小时即可（图1）。煮好的肘子捞出盛盘中，煮肘子的肉汤备用。

* 提前用清水稍微浸泡肘子，浸出一些血水，煮肘子的时候多撇几次浮沫，都有助于去除腥味。最后用筷子扎一下肘子，如果能轻松扎透，就说明煮好了。

* 煮肘子的水要稍稍没过肘子。

炒酱汁

② 泡椒和郫县豆瓣剁细，姜蒜切细末备用（图2）。炒锅内倒入油，稍热后放入泡椒和豆瓣，用中小火煸出香气和红油，约20秒（图3）。

* 泡椒和豆瓣一定要用温油小火慢慢炒，这样才能炒出红油和香气，并去除酸味。如果大火热油炒，很快就会煳了，香气也出不来。

③ 接着下姜蒜末，继续用中小火慢炒20秒左右（图4），放入酱油和黄酒，用中火炒一下（图5），最后放白糖、100克煮肘子的肉汤，以中火烧开后放米醋，略煮5秒（图6）。

* 炒酱汁时不用放盐，因为泡椒、豆瓣、酱油都有咸味。

* 酱油不能放太多，要确保酱汁炒制后呈红色；白糖不能放太少，它能起到中和口感的作用，但也要控制用量，以免甜味太过突出。

* 炒酱汁用的肉汤就是煮肘子的汤，所以酱汁是在肘子煮好之后才开始做的。

浇酱汁

④ 将炒好的酱汁浇在肘子上即可。

原料

主料

猪后肘⋯⋯⋯⋯⋯1500 克

前肘肥肉太少不好吃，建议用后肘，肥肉稍多，口感、香气俱佳。

酱汁调料

泡椒⋯⋯⋯⋯⋯⋯20 克

郫县豆瓣⋯⋯⋯⋯20 克

姜⋯⋯⋯⋯⋯⋯⋯40 克

蒜⋯⋯⋯⋯⋯⋯⋯15 克

黄酒⋯⋯⋯⋯⋯⋯10 克

米醋⋯⋯⋯⋯⋯⋯10 克

白糖⋯⋯⋯⋯⋯⋯15 克

酱油⋯⋯⋯⋯⋯⋯ 8 克

油⋯⋯⋯⋯⋯⋯⋯50 克

泡椒要用四川的泡辣椒，如果没有可用剁椒。

懒人妙招

猪肘子可以用高压锅炖，这样会省很多时间。只是注意要用大一些的高压锅，因为肘子比较大，用小锅可能会超过高压锅的警戒线，容易发生危险。另外，肘子带骨煮是为了装盘好看，但相对比较费时，购买的时候就可以让商家帮忙去骨，这样煮的时间可以再缩短一些。

图1

图2

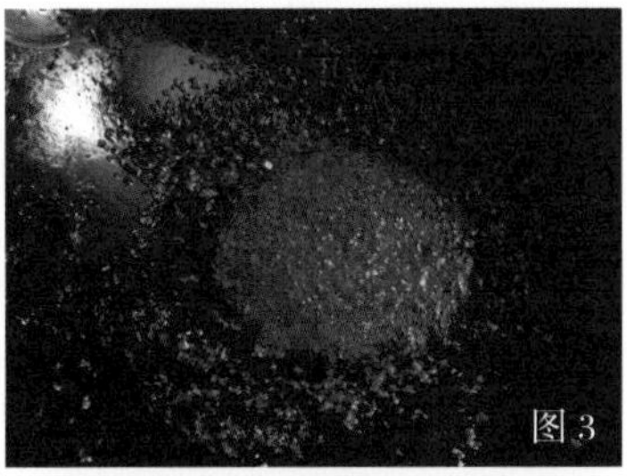

图3

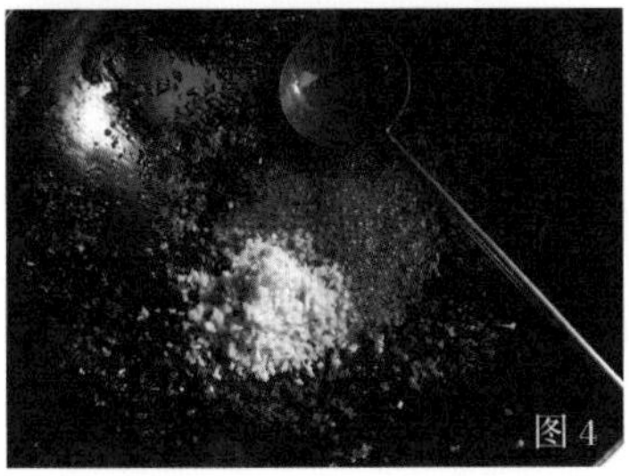

图4

图5

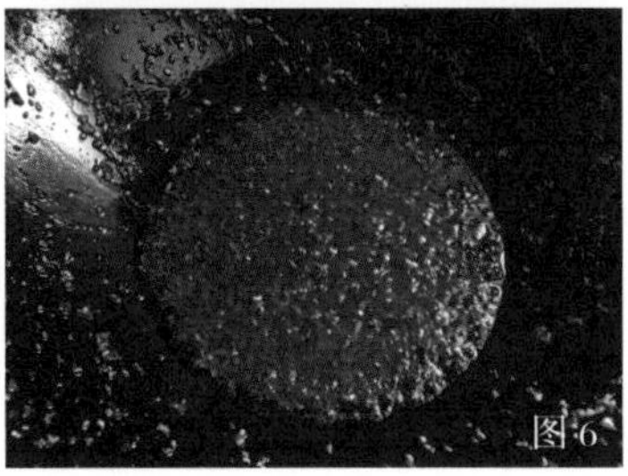

图6

贰 猪肉香

椒盐排骨

酒香混合着椒香气，排骨越嚼越香。

　　像排骨这种比较硬的原料，不易炸熟，也不易入味，所以特别讲究做法：炸的时候要温油慢炸，而香味靠的是"烹黄酒"。可以想象这样一幅画面，盛着黄酒的小银壶快速地在锅上转一圈儿，粒粒分明的酒珠落向炙热的铁锅，如大珠小珠落玉盘。哗的一声，白气升腾，火光舞动，铁锅翻飞，犹未消散的酒气包裹着酥嫩的小排，欢快地融合着……刹那间，火熄，气散，佳肴现于盘中。

原　料　　　　（图1）

主料

精排骨…………… 400 克

要用不带腔骨的排骨，最好小一些（因为太大的排骨肉老），再稍微带点肥肉。

腌肉调料

盐………………… 2 克

黄酒………………10 克

其他调料

盐………………… 1 克

黄酒………………… 5 克

蛋黄………………… 1 个

青红椒…………… 少许

洋葱、大蒜…… 各少许

淀粉………………… 适量

面粉………………… 适量

面粉主要用于调制面糊，而淀粉的作用是让排骨表面酥脆。对炸排骨来说，二者的量最好相同。

图1

图2

图3

图4

图5

图6

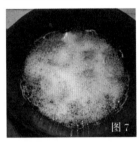
图7

图8

图9

图10

 做法

准备原料

① 将排骨剁成长约 6 厘米的段，放入腌肉调料，抓匀，腌 1 小时（图 2）。

> *如果准备时间充足，可提前几小时腌，排骨会更入味。

② 在腌好的排骨中加入蛋黄（图 3），抓匀，再一点一点地放入淀粉和面粉（图 4）抓匀，直到排骨抓起来感觉黏黏的，表面有薄薄的一层糊（图 5）。

> *给排骨上糊首先能减少炸制过程中肉中的水分流失，其次可以让排骨表面更酥松、口感更好。把蛋黄换成全蛋也可以。

③ 将适量青红椒、洋葱和大蒜切粒备用（图 6）。

炸排骨

④ 炒锅中多倒些油，烧至六成热，把挂上糊的排骨逐块放进去，用中小火炸至表面金黄（图 7），这一过程大约耗时 5 分钟，随后开大火把排骨表面炸得焦酥，捞出待用（图 8）。

> *挂上糊的排骨很容易粘在一起，所以最好一块一块地放进油锅，而且此时不要搅动油锅，让排骨表面的糊炸定型。

炒制排骨

⑤ 将炒锅中的油倒出，不必刷锅，留底油，开大火煸炒青红椒粒、洋葱粒和大蒜粒至出香气（图 9）。

> *炒制时要保证全程大火，这样才会有更多的焦香气飘出。

⑥ 接着放入排骨，再放盐，然后均匀地洒入黄酒，快速翻炒两下即可出锅（图 10）。

灵活运用

这种做法适合很多食材，如鸡块、大虾、鲜鱿鱼等，但不同食材的做法稍有差异。比如，炸鸡块时表面的淀粉要裹得厚一些；而炸大虾时无须面粉，只要撒少许淀粉。另外，因为黄酒的蒸汽会把虾皮熏软而导致口感不好，在做椒盐大虾的时候就尽量少放黄酒。炸鲜鱿鱼时，因为鱿鱼肉中的水分很多，需要上更多的糊过油炸才行，否则水分全流失了，吃起来口感很差。

食材笔记

在饭店吃到的排骨又嫩又香，是因为腌的方法有所不同。首先要放小苏打，使肉质变得软烂，而且最少要腌半天，然后用大拇指抠一下肉，如果直接能抠进肉中触至骨头，就算腌好了。另外，可以放少许吉士粉——甜香的气味、金黄的颜色会让排骨更香，炸制后色泽更加漂亮。但吉士粉中含添加剂，在家烹饪这道菜时，最好不用，多在食材上下功夫吧！

豉汁蒸排骨是一道以弹爽著称的广东菜，非常讲究选料和火候，料要嫩，火要猛，出锅后一定要趁热吃才够棒。一小块方方正正如骰子般的排骨放进口中，软烂中稍微有些弹牙，用力咬下去，满口的香气袭来，汁水满嘴流香，豆豉的味道越来越浓烈，直至充满口腔，牙齿不经意间咬到小小的豆豉颗粒，滑滑的，一抿即化。

豉汁蒸排骨

排骨软烂，又有些弹牙，豉汁味道愈发浓郁，满口回味。

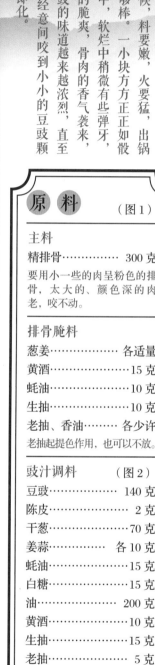

原料　　　　（图1）

主料

精排骨	300 克

要用小一些的肉呈粉色的排骨，太大的、颜色深的肉老，咬不动。

排骨腌料

葱姜	各适量
黄酒	15 克
蚝油	10 克
生抽	10 克
老抽、香油	各少许

老抽起提色作用，也可以不放。

豉汁调料　　（图2）

豆豉	140 克
陈皮	2 克
干葱	70 克
姜蒜	各 10 克
蚝油	15 克
白糖	15 克
油	200 克
黄酒	10 克
生抽	15 克
老抽	5 克

如果没有干葱，可用洋葱代替。

其他调料

干淀粉	适量
葱花	适量

图1　图2　图3　图4　图5　图6　图7　图8　图9　图10　图11　图12

 做法

准备豉汁原料

① 将干葱、姜蒜全部切末；陈皮先用温水泡软，同样切末，分开放（图3）。豆豉放碗中蒸5分钟，降温后剁细备用（图4）。

* 豆豉蒸一下会变软，剁的时候就可以不费力。

腌排骨

② 葱切段，姜切片，放入排骨中，接着倒入其他排骨腌料（图5），拌匀，腌20分钟（图6）。

* 如果时间允许，排骨可以多腌一会儿，如果时间紧，也可以直接蒸，但这样排骨的味道会稍淡。

制作豉汁

③ 锅中倒入油，烧至三四成热，放入豆豉，以中小火煸炒大约5分钟，微微冒泡就可以（图7）。接着放入陈皮（图8），炒10分钟，再放干葱、姜蒜末炒10分钟（图9），最后放其他豉汁调料炒5分钟就可以了（图10）。

* 煸炒时火太大容易煳，火太小不出香气，所以要用中小火，同时不停地铲动锅底以避免煳锅。

* 调料要严格按照投放顺序来放，要是感觉炒的时候油被吸收了有点干，可以再补放一点油。

蒸排骨

④ 把腌好的排骨中的葱姜挑出，倒入30g豉汁，再放适量干淀粉（图11），拌匀，放入盘中。

* 最后放豉汁是因为豉汁中有油，如果先放，油会封住肉的表面，其他调料的味道就不容易进入肉里，排骨味道就不够浓厚。

⑤ 将蒸锅中的水烧开，放入排骨，大火蒸20分钟左右。出锅后撒少许葱花，淋热油即可（图12）。

* 一定要等蒸锅里的水开了以后再放排骨，这样蒸出来的排骨才脆弹，中途不能揭盖。蒸排骨的时候一定要用猛火。

灵活运用

广东豉汁可以说是一款万能汁。有了豉汁，可以做很多的菜品，可以蒸鸡、蒸鱼、蒸白鳝，粤菜里最有名的凉瓜牛肉也是用豉汁做的。可以一次做一大锅豉汁，凉凉后让油浸住豆豉，用保鲜膜密封起来，可以放2周左右。但不能放置太久，否则会变质。

贰　猪肉香

话梅小排

冰糖的甜，话梅的酸，黄酒的香，让人忍不住大快朵颐。

话梅小排是酸甜口味的，说起来似乎与糖醋排骨差不多，但其实话梅的酸和醋的酸是不同的，两道菜由此区别开来。话梅天然的酸香与黄酒的米香结合在一起，再加上陈皮的清新果香，使得话梅小排形成了独一无二的诱人风味。

原　料 （图1）

主料

精排骨……………………1000 克
排骨要挑选颜色粉红、不带腔骨的，这样的排骨肉质比较嫩。

辅料

话梅…………………………70 克

调料

冰糖…………………………50 克
黄酒…………………………80 克
葱姜…………………………各适量
八角……………………………3 个
陈皮……………………………6 克
盐………………………………2 克

图1

图2

图3

图4

图5

图6

图7

图8

图9

图10

图11

准备原料

① 排骨洗净，浸泡一会儿，倒去血水，剁成5厘米见方的块（图2）。话梅和陈皮用黄酒浸泡（图3），葱切段、姜切片备用（图4）。

  * 排骨别剁太大，以便入味。
  * 话梅和陈皮用黄酒泡后可以让味道充分释放。注意，话梅最好要买表面带白霜的。

预炒排骨

② 炒锅烧至五成热，不放油，将排骨放进锅中大火干炒（图5），五六分钟后，排骨八九成熟时盛出，备用（图6）。

  * 大火炒干排骨能更好地保留其鲜味，如果觉得麻烦，也可以用水焯。

炒排骨

③ 炒锅洗净，放入冰糖炒糖色，至紫红时，将排骨放进去炒匀（图7），接着开大火，将话梅和陈皮连同黄酒一起倒进去炒开（图8）。

  * 这道菜不放酱油，因此糖色要炒得深一些，但要注意避免炒煳。

烧排骨

④ 将葱姜和八角也放入锅中（图9），加热水和盐，大火烧开后转小火（图10），加锅盖烧1.5小时。

  * 倒入热水烧开的时候还会有一些沫子，但没什么影响。

⑤ 待排骨酥烂，大火收汁即可（图11）。

  * 最后必须收汁，只留下少量汤汁。但要避免收干，若一点汤汁都不剩，很可能导致肉质变硬。

熘三样

鲜香，汁浓味重，又滑又嫩。

熘三样是山东菜，这「三样」可以有多种组合，但基本上离不开动物内脏，所以要注意去腥味。和炒菜略微不同的是，熘菜的汁较「宽」，如果调味出色，是非常下饭的。

原料

主料

腰子	100 克
猪肝	100 克
猪里脊	50 克

腰子和猪肝尽量要新鲜的，不能用冰冻的。猪里脊比较嫩，适合爆炒类的菜，用梅花肉也可以。

腌肉调料

酱油、黄酒	各少许
干淀粉	少许
蛋清	适量

味汁调料

酱油	15 克
黄酒	15 克
清水	10 克
醋	5 克
白糖	3 克
盐	1 克
香油	少许
胡椒粉	少许
淀粉	少许

其他调料

葱	150 克
蒜	3 瓣
干辣椒	2 个

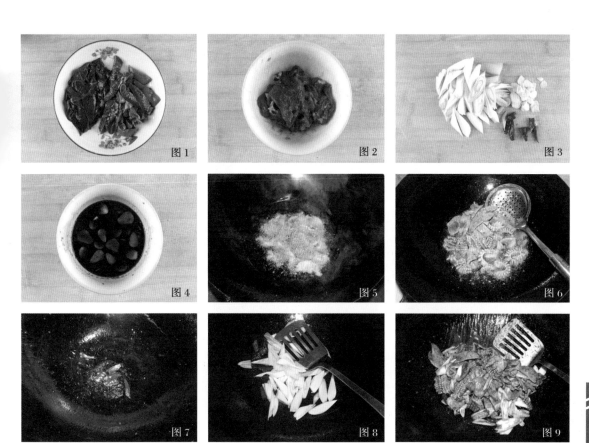

图1　图2　图3

图4　图5　图6

图7　图8　图9

准备原料

① 腰子和猪肝浸泡一会儿，倒掉血水，猪肝切片，腰子切腰花（图1）。里脊切片，用少许酱油和黄酒腌一会儿，再放少许淀粉和蛋清抓匀（图2）。

*腰子和猪肝泡后倒去血水能够减少腥味。"三样"之中，只需提前腌里脊肉片，腰子和猪肝在下锅滑油前再用黄酒和淀粉抓一下，因为这两种食材含水分多，如果腌完不马上烹制就会出水，把腌料冲淡，起不到上浆的作用。

② 葱切滚刀块，蒜切片，干辣椒去籽（图3）。将所有味汁调料放进碗中调匀，放入蒜片（图4）。

*葱要切得大块一些，以免在后续烹调过程中完全软化，既影响菜品的外形，又破坏其口感。

*味汁中不要放太多淀粉，否则一下就粘锅了。注意要完全搅匀，不能有沉淀。

滑油

③ 炒锅烧热，多倒些油，烧至五成热，将腌好的里脊肉片放入锅里，开中火滑至表面发白（约九成熟）就捞出（图5）。将切好的腰花和猪肝片用黄酒和淀粉抓匀，等油温上升至五成热时下锅，开大火滑熟捞出（图6）。

*在这一步中，先滑里脊肉片，再滑腰花和猪肝片，可避免里脊肉片沾上腥臊味；里脊肉片不用完全滑熟，之后还要炒一下，所以九成熟即可。

熘制

④ 将炒锅中的油倒出，留底油，先开大火将干辣椒炸至棕红色并逸出香气（图7），接着放葱翻炒出香气（图8）。保持大火，快速把调好的味汁倒下去烧开。最后，将"三样"倒进锅中，大火炒均匀，至明油亮芡即成（图9）。

*干辣椒虽然量少，但是很提味，注意不要炸煳了。

*对于熘菜来说，味汁要多一些，下味汁的时候要注意再次搅拌均匀，否则会影响口感。

*熘菜动作一定要快，否则味汁会立刻凝固。滑过油的3种肉在放置过程中会渗出很多水，尤其是腰花和猪肝，最后下锅时一定要把盘底多余的水控干，否则熘制的菜品相不好，口感也会受到影响。

灵活运用

很多食材都可以用来做这道菜，比如猪肚、大肠、猪心等，用鸡的内脏也可以，如鸡心、鸡肝、鸡胗等。

贰　猪肉香

猪的很多部位都适用「酱」的方法，这里用的是猪肘、猪耳、猪舌、猪心和猪尾。猪肘可解馋，猪耳脆爽，猪舌软烂，猪心筋道，猪尾可下酒，不喜欢内脏的人建议尝试这道菜。现在一般家庭很少做它，最多做个酱肘子，没这么多花样，但偶尔做一回，真是挺过瘾的。

酱猪货

咸鲜口味，肉香和各种香料的味道结合得很好，肉质软烂。

原料 （图1）

主料

猪前肘	1000	克
猪舌	1	个
猪耳	1	只
猪心	1	个
猪尾	2	根

注意选择小一些的食材，以免锅里放不下。

卤水调料 （图2）

八角	4	个
桂皮	1	块
香叶	3	片
白芷	2	片
丁香	8	粒
甘草	6	片
干辣椒	1	根
小茴香	一小撮	
草果	2	个

卤水调料用纱布包好。

其他调料

黄酒	100	克
酱油	100	克
盐	25	克
冰糖	30	克
葱姜	各适量	
二锅头	少许	

图1

图2

图3

图4

图5

图6

图7

图8

做法

准备原料

① 所有的猪皮部分刮去残留的猪毛；猪耳眼处用刀切开一些，耳眼内彻底清理干净；用力挤出猪心内的瘀血；猪肘去骨（图3）。

* 刮猪毛可以用简易的刮胡刀，非常方便；猪肘可以让商家帮忙去骨。

* 猪心里残留的瘀血要尽量挤出来。

焯水

② 锅中加冷水，把所有食材放下去焯一下，放点葱姜和二锅头煮5分钟左右（图4），捞出来，肘子卷起来用麻绳捆好，猪舌刮掉表面的舌苔，猪心内的水挤净，猪尾剁几段，备用（图5）。

炖煮

③ 锅内倒水烧热，将处理好的食材都放进去，让水没过所有食材，大火烧开（图6）。

* 焯过的肉如果过冷水会发硬，所以要先把水烧热再放肉。

加入糖色和调料

④ 另取一个锅，放入冰糖和少许水，开小火炒糖色，至紫红色时从煮肉锅内舀些汤把糖色调化（图7）。

* 用热水冲糖色的时候会有些迸溅，小心别被烫伤。

⑤ 将糖色倒入煮肉锅中，接着放入黄酒、酱油、葱段、姜片、卤水调料包和盐，大火烧开后加锅盖，转小火慢煮（图8）。

* 酱制过程中要尽量让原料全程泡在卤水里，可以用盘子稍压，但不能太用力，以免底部煳锅。

⑥ 不同食材卤制的时间不同，可按顺序捞出：猪心煮40分钟，猪耳煮1小时，猪舌煮1.5～2小时，猪肘和猪尾约煮2.5小时。

* 卤完猪肘和猪尾巴，可以把前面捞出的食材再放回卤水中一起泡儿小时，使食材更加入味。

灵活运用

酱猪货的卤水可以反复使用，还可以在卤肉的同时卤一些其他的食材，如鸡蛋、炸豆腐等，但是量不能太大，否则容易串味儿！而且不能卤猪下水，尤其是肝、肚、大肠等异味大的食材，那样卤水不但香气尽失，且容易腐败。

贰 猪肉香

53

农家一锅炖

豆腐吸尽浓郁的汤汁，猪肉肥糯，大肠筋道，丸子弹牙。

　　这道菜的食材处理比较麻烦，但是，当你把这一锅炖端上桌时——肉肥肠香丸子美，豆腐中包含香气浓郁的汤汁，食材入口的刹那，就感觉一切麻烦都是值得的！

做法

准备原料

① 大肠去掉肠油，用盐把里外都搓洗干净，冷水下锅焯5分钟捞出，换水再煮20分钟捞出，稍凉凉后切成大段备用（图2）。

　　* 要想大肠做出来更香，还要留一部分肠油，主要看个人喜好。

　　* 大肠第一次焯水时要放葱姜和高度白酒去异味，白酒可多放些，第二次煮时再放少量葱姜和白酒，尽可能去除异味，以免沾染其他食材。

　　* 大肠比较难炖烂，要想和其他食材同时达到熟烂的程度，就要事先煮一会儿，这也是大肠要煮两次的另一个原因。第二次也可以用高压锅压5分钟。

② 肉馅中加1克盐，打入一个鸡蛋，调匀。用葱姜泡少量葱姜水，调一些淀粉，分次倒进肉馅中，朝一个方向搅拌上劲（图3）。

　　* 丸子放葱姜末调味后炸出来会有少许黑点，肉馅中加葱姜水调味，效果也一样，但葱姜水的量不能太多，以免肉馅太稀。

　　* 先放鸡蛋搅匀，依肉馅的稀稠程度放淀粉水。淀粉要多一些，这样丸子才能久炖不散，如果淀粉少了，时间长了丸子容易烂。

　　* 全部调料加完后要朝一个方向使劲地搅拌，直到肉馅特别黏稠筋道才行，这样才能保证丸子不烂、口感弹牙。

③ 五花肉皮去除残余的猪毛，冷水下锅，放少许葱姜（图4），中火煮10分钟，至五六成熟时捞出，趁热抹上酱油，备用。

炸制

④ 锅中倒油，烧至六七成热，肉馅挤成丸子下锅（图5），用中火炸到表面定型，约六七成熟时就可以捞出（图6）。

⑤ 炸丸子的油留锅中，豆腐切大厚片，油烧至八成热，下豆腐大火炸至表面金黄，捞出备用（图7）。

　　* 豆腐要一片一片地放下去，以避免粘连。炸制过程中，要等豆腐表面形成硬壳再把粘连处轻轻拨开。

⑥ 先前抹完酱油的五花肉放进炸完豆腐的油锅中，开大火炸一下，令其表面变成酱红色，且猪皮上起麻点，捞出（图8），切成1.5厘米的厚片备用（图9）。

　　* 炸豆腐和炸五花肉的油温都很高，比较危险，要避免烫伤。食材入锅时或炸制过程中要注意防止迸溅。

炖制

⑦ 食材预处理完毕（图10），把五花肉、丸子、大肠整齐地码进锅中（图11）。

原料 　（图1）

主料

精五花肉	500 克
猪肉馅	500 克
猪大肠	500 克
盐卤豆腐	1 块

五花肉要厚一些的，肉馅肥三瘦七为好。大肠最好用粗些的肠头，豆腐不能用石膏豆腐。

辅料

红腐乳	1 块
鸡蛋	1 个

调料

八角	3 个
香叶	4 片
花椒	20 粒
桂皮	两小块
酱油	25 克
黄酒	30 克
冰糖	15 克
高度白酒	适量
盐	适量
葱姜	各适量
红曲米	少许
淀粉	适量

加红曲米是为了让菜品的色泽更漂亮，不放亦可。

⑧ 倒入开水，浸没食材，烧开后，放酱油、黄酒、红腐乳、冰糖和适量盐，再放八角、香叶、花椒、桂皮、切成段的葱、切成片的姜和少许红曲米，烧开后转最小火，加锅盖焖 2 小时左右。

* 最后的火候非常重要，要用最小火，让汤面保持微开即可，这样汤汁不至于很快耗干，而且食材在这个小火慢炖的过程中更容易入味。水与食材持平就行，水太多味道会很淡。

⑨ 离成菜还有 30 分钟的时候把炸豆腐放进去一起炖即可。

* 豆腐易烂，煮 2 小时将毫无口感，且吸水性强，容易耗干汤汁，所以一定要在最后半小时下锅。

* 最后半小时可以把火开大些，消耗一些汤汁，也使炖菜味道浓厚。炖制过程中，可以加几个煮鸡蛋，类似卤蛋。

懒人妙招

豆腐可以煎，五花肉的肉皮可以煎，丸子也可以煎，这样是不是省很多事呢？但效果肯定要比炸出来的差，且油烟会很多，是选择油炸，还是选择擦油烟机呢？

图1 图2 图3
图4 图5 图6
图7 图8 图9
图10 图11

红油花仁肚丁

清甜中带些爽辣，红油香气诱人。

　　这是一道不错的下酒小菜，白嫩的猪肚丁，"穿上"一层红油"外衣"，衬以翠绿的葱蒜，加上去皮花生仁的香脆口感，令人食指大动！

原料 （图1）

主料

鲜猪肚	1副

辅料

花生米	适量

调料

红酱油	10克
醋	10克
白糖	5克
盐	少许
辣椒油、高度白酒、	
葱姜蒜	各适量
花椒	一小撮
八角	1个

红酱油是黄豆酱油加上少许冰糖、花椒、八角、甘草、砂仁和桂皮熬过的酱油，味道很好

辣椒油是用七成热的油泼在干辣椒面上调匀泡出的油，也叫红油

做法

猪肚去腥

① 猪肚清洗干净，冷水下锅烧开，放适量葱姜和高度白酒，煮2分钟去腥味。

＊撕掉生猪肚内外表面的白油，并用醋和盐搓洗，至表面光亮时为洗干净，这时还可以再放点碱面一起洗，注意戴上手套，以免刺激皮肤。

煮猪肚

② 把猪肚捞出来，高压锅中放清水烧开，加适量葱姜、花椒、八角，再倒一些高度白酒，把猪肚放下去煮开，盖减压阀，压25分钟关火，捞出凉凉（图2）。

＊猪肚异味大，所以一定要处理两遍，而且两次都要用白酒和葱姜，这样才能完全去掉异味！

调味

③ 将大蒜捣成蒜泥，备用。猪肚切成1.5厘米长的块（图3），加醋和白糖（图4），再放酱油和切好的葱段（图5），接着加入蒜泥（图6），最后放辣椒油（图7），拌匀即可（图8）。

＊捣蒜泥的时候会放一些盐，酱油也有咸味，所以放盐时要慎重，先尝味，再决定是否加盐。

贰 猪肉香

图1

图2

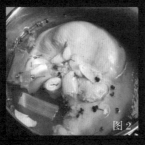

图3

图4

图5

图6

图7

图8

第三章

牛羊鲜

一锅翻滚的浓汤，
一盘若蝉翼的羊肉片，
一碗炖得软烂可口的牛腩，
抑或是一盘浓香扑鼻的卤牛腱，
都会让你在寒冷的冬季感受到暖暖的情谊。
牛羊肉原是豪爽的草原人民的最爱，
现在却被越来越多的人所喜爱。
牛羊肉入口的同时，
似乎就能感受到来自辽阔草原的那份豪爽！

番茄炖牛腩

浓郁的番茄味和牛肉味，混合着各种蔬菜的暗香，令人回味不已，口感软烂。

这道菜据说是从西餐中的红烩牛肉转变而来。

的确，西餐多使用胡萝卜、洋葱、芹菜等味道浓厚的蔬菜来做汤或炖菜，它们的营养价值高，但是味道和口感偏涩，单独吃并无出众之处，唯有配在这道菜里能够大放异彩，不仅使得牛肉鲜味倍增，也令汤汁艳丽鲜爽，绝了！

原料 （图1）

主料

牛腩	1000 克

分层的带肥肉、带筋牛腩最佳。

辅料

胡萝卜	1 根
洋葱	半个
芹菜梗	两小节
大蒜	3 瓣
番茄	2 个

为牛肉提鲜的胡萝卜、洋葱、芹菜要尽可能准备齐全。

调料

黄酒	15 克
白糖	10 克
白胡椒粉	3 克
香叶	3 片
桂皮	1 节
盐	6 克
葱姜	各适量
番茄酱	适量
黄油	适量

这道菜由西餐转变过来，因此用黄油烹调味道更香。
胡椒粉不妨多放一些，可提香解腻。

 图1
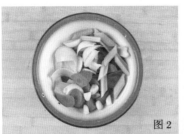 图2
 图3

 图4
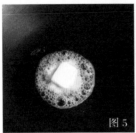 图5
 图6
 图7

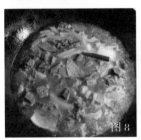 图8
 图9
 图10
 图11

做法

准备原料

① 胡萝卜切大块，芹菜切大段，洋葱切大片，每瓣大蒜切两半备用（图2）。

② 牛腩切成边长5厘米的大块，放少许葱姜，凉水下锅（图3）。大火烧开后焯3分钟，及时撇去浮沫，捞出，焯牛肉的汤留用（图4）。

* 凉水下锅焯肉能让血水充分浸出，更好地去掉异味。

* 牛肉汤之后可以用来烧肉，所以在这一步要把浮沫撇干净，尽量减少异味。肉汤还要用细箩过滤一下，筛去小渣子。

炖制

③ 炒锅烧至温热，放部分黄油化开（图5）。放入胡萝卜、洋葱、芹菜和大蒜，开大火煸炒1分钟至出香气（图6），再放入焯好的牛肉炒1分钟（图7）。

* 注意，化黄油的时候锅不能太热，否则黄油会有煳味，等蔬菜下锅后再开大火炒。

④ 将焯牛肉的汤倒进锅里，接着放黄酒、白糖、白胡椒粉、香叶和桂皮，大火烧开后，转小火炖2小时左右（图8）。

* 炖肉的汤要没过牛肉，如果牛肉汤不够就加开水，汤汁一定不能少。视牛腩的不同品质调整炖制时间。

炒番茄泥

⑤ 等到牛腩炖得差不多时，将番茄用开水烫一下，去皮，切碎。另取一个炒锅烧热，再放少许黄油化开，加入番茄粒，开大火炒1分钟（图9）。

* 番茄切得越细越好，炒出来会有沙沙的感觉。

⑥ 待牛肉炖好时，将炒好的番茄泥倒入（图10），放适量番茄酱提色，汤汁烧开后，中火炖15分钟左右即可（图11）。

* 放番茄酱主要起提色的作用，不放也可以。番茄要在最后15分钟放，放得太早，炖制时间太长，就没有味道了。

懒人妙招

如果时间紧张，可以利用高压锅进行烹调。先在炒锅中炒好除番茄以外的辅料，加汤、调味，之后全部倒进高压锅内，煮25分钟左右即可。之后关火，待气散尽，将炒好的番茄放进去，中火再压上15分钟，这次可以不盖减压阀。

红烧萝卜牛腩煲

多种酱料成就了浓郁的酱香，牛腩软糯，萝卜脆腻。

广东人往往能从看似毫不相干的食材中挖掘出奇妙的搭配，创造出独具风味的佳肴，红烧萝卜牛腩煲也是这样一道广东名菜。热腾腾的煲菜很容易渲染出热烈的气氛，因此成为节日宴会中经常会出现的一道菜。当天气转凉，可以吃些牛羊肉来补气强体，配以广东的豆瓣辣酱、柱侯酱，再加上大白萝卜，风味独特却又不失和谐。

原　料　　（图1）

主料

牛腩 …………………… 1500 克

最好用带筋带皮、有层次的牛腩。

辅料

白萝卜 ………………… 适量

调料

八角 …………………… 3 个

香叶 …………………… 3 片

桂皮 …………………… 1 片

陈皮 …………………… 少许

草果 …………………… 1 个

广式豆瓣酱 …………… 10 克

柱侯酱 ………………… 25 克

黄酒 …………………… 15 克

生抽 …………………… 15 克

蚝油 …………………… 15 克

白糖 …………………… 10 克

盐 ……………………… 8 克

老抽 …………………… 少许

葱姜蒜 ………………… 各适量

广式豆瓣酱是一种口味鲜香的生辣椒酱，不同于四川的郫县豆瓣，不可混淆。如果没有，用普通的生辣椒酱也可以。柱侯酱是一种面酱，带有浓郁的蒜香气和甜香气。

图1

图2

图3

图4

图5

图6

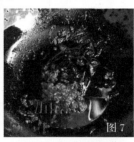
图7

图8

图9

图10

图11

做法

准备原料

① 牛腩洗净，切成5厘米见方的大块（图2），白萝卜切滚刀块备用（图3），葱切段、姜切厚片、蒜切小块备用（图4）。

　　*牛腩可以先用清水浸泡1小时去血水，尽量减少膻味。

　　*如不喜欢白萝卜的辛味，可以先去皮焯一下水。

② 牛肉冷水下锅，放少许葱姜大火烧开（图5），撇去浮沫煮2分钟（图6），捞出。

　　*牛肉冷水下锅可令其内部的血水和膻味充分浸出，浮沫要迅速撇掉。

煸炒酱料

③ 锅中倒少许油，烧至三四成热。中小火煸广式豆瓣酱10秒，下柱侯酱稍炒几下（图7），加热水烧开。

　　*广式豆瓣酱是生的，所以要提前炒一下。这个步骤中，火要小，油温要低，这样炒出来的酱料才香。柱侯酱是面酱，不需要炒太久，因此后放，切记别炒煳。

炖牛肉、炖白萝卜

④ 锅中下焯好的牛肉，放黄酒、生抽、蚝油、白糖、盐和所有香料（图8），大火烧开。

　　*焯好的牛肉放一会儿还会出血水，要先倒干净血水，再将牛肉下锅。

⑤ 炖牛肉的同时，另取一口锅放适量油，开大火烧至七八成热，放葱段、姜片、蒜块炸至表面金黄（图9），捞出后立刻放入牛肉锅中搅匀汤汁，烧开后转小火，加锅盖慢炖2小时左右（图10）。

　　*炸过的葱姜蒜会释放焦香气息，有很好的去膻提香的作用，注意用热油快速炸至金黄。

　　*炖牛肉的时候要用最小火，让汤面保持微开就可以，如果火太大，肉没炖烂汤就烧干了。

⑥ 牛肉快炖烂的时候将切好的白萝卜块放下去，再炖半小时至软即成（图11）。

　　*白萝卜要最后放，如果和牛肉同时入锅炖煮，就会烂成"一锅粥"了。

灵活运用

　　这种方法还可以做出另一道广东名菜，叫作萝卜牛杂，方法差不多，只要将牛腩换成牛杂即可。注意牛杂要提前治理干净。炖羊肉可适用同一方法。

懒人妙招

　　如果要节约时间，可以先在炒锅中调好味道，再倒入高压锅进行炖制，大约20分钟就可以了。等蒸汽散尽后，再打开锅盖将白萝卜放进去炖20分钟，由于白萝卜易烂，这时最好换成普通锅具进行炖制。

清汤萝卜牛腩

牛肉汤带着微微的胡椒香气，牛肉软烂，萝卜利口。

广东菜里既有红烧萝卜牛腩，也有清汤萝卜牛腩。粤菜讲究用料，做一道菜，可能会用到很多种酱料和调料，但有时候只用两三种最普通的调料也可以做出极鲜的味道。当然，在后一种情况中，对原料的要求是很高的，清汤萝卜牛腩正是如此。原料用牛腩最好，一层筋、一层皮、一层肉，这样的牛腩口感是最棒的；若没有牛腩，也可以用牛的腰窝肉。此外，这道菜的调料也有着特别的要求，其中，白胡椒粒是必不可少的，要多放，而且不能改用胡椒粉。清汤萝卜牛腩的汤能够喝出白胡椒粒的独特清香，而胡椒粉没有这种味道。

做法

准备原料

① 牛肉整块泡水 2 小时，倒去血水，备用（图2）。白萝卜洗净切大块备用（图3）。

* 牛肉不用切开，整块下锅可以藏住更多香气，避免牛肉味过多地流失。如果牛肉切成小块，那么最后牛肉的香味都进了汤里或飘至空气中，肉本身就没有味道了。

* 萝卜块可以切大些，从中间剖开，随意切两三刀就行了。

炖牛肉

② 牛肉冷水下锅，放少许葱姜，大火烧开，中小火煮大约10分钟，至四五成熟，捞出（图4）。

* 锅中的水要浸过牛肉，可以用小点的锅，否则水分过多，最后的肉汤就淡而无味了。

③ 将煮牛肉的汤过滤一下，倒入砂锅中。放入牛肉，再加葱姜、黄酒、白胡椒粒，先用大火烧开，接着以中小火炖20分钟，随后转最小火，加锅盖炖 3 小时左右（图5）。

* 牛肉汤烧开后，先用中小火使汤面微开20分钟，然后再转最小火。牛肉虽然焯过，但还没有全熟，里面还会有少许血水，如果这时候转最小火，那么汤容易变黑，其味道也会受影响。

* 中小火炖20分钟后，就要转最小火，加锅盖，让水面保持微动就行了。如果火大了，汤很快会被耗干。

炖白萝卜

④ 牛肉炖好前 1 小时，在锅中放入白萝卜，炖至牛肉和白萝卜全部软烂即可（图6）。

* 炖的过程中可以用筷子试探牛肉的软烂程度，如果筷子能轻松插进牛肉中，就说明炖好了。

原料 （图1）

主料

牛腩··········· 700 克
高品质的牛腩或牛肋排肉皆可，最好带些许肥肉。

辅料

白萝卜··········· 适量

调料

白胡椒粒···········15 克
盐···········适量
黄酒···········适量
葱姜···········各适量

一定要用白胡椒粒，而不是白胡椒粉。

叁 牛羊鲜

图1

图2

图3

图4

图5

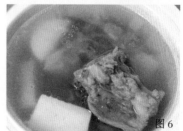
图6

粉蒸牛肉

咸鲜麻辣，蒜香浓郁，
米粉香糯，牛肉软烂。

粉蒸牛肉是四川的传统名小吃之一。喧嚣的街道，涌动的人群，那一笼一笼冒着热气的牛肉端到面前——红彤彤的辣椒面，翠绿的葱和香菜，一抹淡黄的蒜汁，点缀着深色的花椒面，凑近一闻，各种复合香气扑面而来，几个指头已经不知道是如何抖动，筷子早已捏在手中，先来一块再说吧。为了让牛肉充分入味，腌制时味道宁浓勿淡，蒸的时间宁长勿短。

原料 （图1）

主料

牛腿肉…………… 500 克

这道菜对牛肉的部位要求不高，因为最后要蒸软烂，不带筋、别太肥即可。

米粉原料

大米…………… 100 克

五香粉…………… 1 克

盐…………… 2 克

腌肉调料

郫县豆瓣…………… 20 克

酱油…………… 10 克

醪糟汁…………… 15 克

腐乳汁…………… 20 克

黄酒…………… 10 克

红糖…………… 5 克

盐…………… 1 克

清水…………… 少许

其他调料

葱姜蒜、香菜…… 各适量

花椒…………… 40 粒

花椒面、辣椒面… 各适量

图1

图2

图3

图4

图5

图6

图7

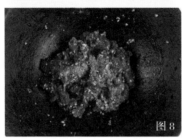
图8

图9

做法

准备原料

① 牛肉切成 0.5 厘米厚的大片备用（图 2）。

* 切肉时注意垂直于牛肉纹理切，如果顺着纹理切，最后肉会蒸不烂。

② 花椒和适量葱放在一起用刀铡成细末（图 3），姜切末，蒜捣成泥后加一点清水匀开，做成蒜汁备用。

* 铡是一种刀法，顾名思义，像铡刀一样，刀尖放在案板上，用刀的中后部上下地切原料，刀尖始终不离开案板。把花椒和葱放在一起铡，二者的味道能够充分融合，比单纯把花椒和葱末混合得到的味道更好；铡的时候花椒会飞溅，滴几滴香油或水再铡就不容易溅了。

腌制牛肉

③ 牛肉放入容器中，先放铡好的花椒、葱末和姜末拌一下（图 4），接着放入腌肉调料，完全拌匀后静置半小时左右（图 5）。

* 郫县豆瓣要剁细。腌肉调料中清水的量只要足够让米粉吸收就可。
* 调完味道可以尝一下，看咸味是否够。

炒米粉

④ 大米泡半小时，滗干水，开小火炒成淡黄色（图 6），然后加五香粉和盐，打碎备用（图 7）。

* 炒米粉的时候由于米是湿米，开始会有些粘锅，炒一会儿就好了。
* 如果用机器打米粉，别打太碎，打至小颗粒状即可，磨粉末状的米粉口感不好。用捣臼将大米捣碎也可以。
* 相较于商店卖的米粉，家里炒的米粉干净又健康。

裹上米粉蒸肉

⑤ 把米粉放进牛肉里搅拌均匀（图 8），放进较浅的碗里大火蒸 1.5 ~ 2 小时（图 9），出锅后撒辣椒面、花椒面、蒜汁、葱花、香菜即成。

* 米粉和牛肉需搅匀至不再渗水，可以加一点油，既能避免肉片粘在一起，也能使肉片口感更加鲜嫩。蒜汁最后浇上去，风味十足！

灵活运用

同样方法也可以蒸羊肉、猪肉、带骨鸡肉等。注意如果是蒸猪肉，最好用五花肉，蒸时肉下边垫上裹了米粉的红薯，这样可以吸油且味道很好。

懒人妙招

为了省火省时间，也可以用高压锅蒸，大约半小时即可。不过，用高压锅蒸的味道会比慢慢蒸出来的味道略逊一些。

焦熘牛肉片

糖醋汁酸甜可口，肉片外皮焦酥，内里肉质软嫩。

老姨夫有一手好厨艺，每到周末就上姥姥家做饭，他最拿手的便是焦熘肉片。肉片多为肥肉，裹上水淀粉后，一通儿猛炸，倒进盘子时发出咔咔的声音，紧跟着便是油在肉表面发出吱吱声，这得有多脆呀？调好糖醋汁在锅中熬开，勾芡下热油，锅边沸腾起来，哗的一声，酸甜味在空气中弥漫开来，肉片丢进去随便翻几下，撒一把蒜末，出锅！肥肉的焦香气伴着酸甜味，堪称华丽。这道菜要作为压轴菜上桌，因为放一会儿便会疲软不堪，满嘴油腻了。

腌制牛肉

① 牛肉去筋膜，切成约长 10 厘米、宽 6 厘米、厚 0.3 厘米的片备用（图2）。

* 牛肉不能切得太薄，否则炸完后吃不出肉味。

② 切适量葱姜，放碗中泡出葱姜水（图3）。牛肉片放入碗中，先倒黄酒和少许盐抓匀，接着分几次放葱姜水，抓匀，令肉片充分吸收（图4）。

* 这种腌肉方法区别于炒菜时的腌肉方法，牛肉多吸收些水分会更嫩，因为是裹糊炸，所以不必担心水分流失。不过水也不能太多，以牛肉片不吐水、较粘手为好。

原 料	（图1）
主料	
牛里脊	200 克
牛里脊或者腿肉，较嫩的部位即可。	
糖醋汁调料	
酱油	10 克
米醋	30 克
白糖	30 克
清水	30 克
盐	1 克
其他调料	
黄酒	5 克
葱姜	适量
玉米淀粉	150 克
一定要用玉米淀粉，因为它的口感较其他淀粉更酥脆，适合炸制。	

图1

图2

图3

图4

图5

图6

图7

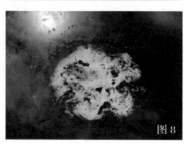
图8

图9

调淀粉糊

③ 将玉米淀粉放入碗中，用清水调成糊状，放少许清油，然后用手抓至上劲顺滑就可以了（图5）。

* 调淀粉是关键步骤之一，千万不能调稀了。加水时，先放一点调一下，再放一点再调，慢慢达到淀粉形成一个大疙瘩的状态，甚至还有些干，然后用手使劲抓淀粉疙瘩至其变得顺滑，实在觉得干再放一点水，接着放少许油再抓，直到抓起来后呈大粗线条不间断地往下流才可以。

炸牛肉片

④ 锅中多倒些油，烧至六七成热，牛肉片均匀地沾上淀粉糊（图6），放进油中，中大火炸至表面定型、颜色微黄即捞出。

* 牛肉片均匀沾上淀粉糊后表面应该是白色的糊，如果露出太多红色的肉，则是淀粉糊太稀没挂上。

* 牛肉片要一片一片地下锅，动作要快，但不能一把全扔进去，以免成团。炸的过程中，稍定型后要用筷子把粘连的肉片拨开。

* 家中锅小油少，分两次炸，牛肉片的品质会更好。

⑤ 锅中油再次烧至八成热，把炸好的牛肉片倒入油中复炸至表面硬挺焦黄（图7），捞出。

* 再炸一遍是保证表面酥脆的重要工序，不可省略。

调汁熘肉片

⑥ 把糖醋汁调料倒入锅中烧开，勾芡至汤汁微稠（图8）。

* 芡不能勾太多，大致如汤羹的稠度便可，太稠则无法均匀地裹住牛肉片。

⑦ 倒一些炸牛肉片的热油，将炸好的牛肉片下锅翻炒至表面挂汁即可（图9）。

* 放少许热油一是保持温度，二是更好地激发糖醋香味，三是辅助汤汁挂匀、使表面鲜亮，冷油则无法实现上述效果。

灵活运用

焦熘的方法适用于很多肉类，如鱼片、虾球、猪肉、鸡肉等。还有一种口味是咸鲜的，就是在调汁的时候不放糖醋即可。

懒人妙招

如果觉得上淀粉糊太麻烦，而且难度较大，可以在牛肉腌好后（少放水），用鸡蛋液抓一下，然后直接裹干淀粉炸，后续步骤一致。这个方法就简单多了，但是外壳的酥脆感不那么好，要以最快的速度吃完，不然很快会软化。

炸松肉

咸鲜五香味，越嚼越香，油豆皮的酥和牛肉土豆馅的嫩相得益彰。

现如今，北京的传统小吃越来越稀少，虽然炸松肉还算常见，而且闻着很香，但往往越吃越咸，而且味道干巴巴，好像少了什么——尝不出肉的味道！因为里边的肉实在是少之又少，全是土豆或者其他配料，大量的五香粉充当起头牌的角色，努力满足着我们的味蕾，但是，你会满足吗？至少我不会！我怀念早年间炸松肉的外酥里嫩，肉香和五香绕指柔的味道带来说不出的美。

原料 （图1）

主料

牛肉馅	400 克
土豆	300 克

牛肉馅对牛肉的部位要求不高，只要无筋就可以了，稍带点肥的能增加香气。但肉馅不能是注水肉打成的，否则肉馅在炸的时候容易散。

辅料 （图2）

油豆皮	若干

腌肉调料

黄酒	15 克
五香粉	6 克
盐	6 克
鸡蛋	1 个
葱姜、淀粉	各适量

图1

图2

图3

图4

图5

图6

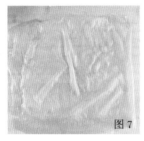
图7

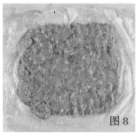
图8

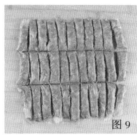
图9

图10

蒸土豆

① 土豆去皮洗净，切大厚片，上蒸锅用大火蒸至软，趁热压成泥，凉凉备用（图3）。

* 黄瓤的土豆比较容易蒸软，而且炸出来颜色更好看。

调肉馅

② 在肉馅中加入所有腌肉调料（图4），朝一个方向搅匀，然后放入土豆泥（图5），搅拌均匀备用（图6）。

* 盐要放够，否则咸味不够，香气就体现不出来。五香粉不能放得太少。

* 一定要先调好肉馅再放土豆泥，如果肉馅和土豆泥一起调，调料就会优先与土豆泥融合，肉馅就不进味了。

做松肉坯

③ 取一张油豆皮铺开，抹一层薄薄的淀粉水（图7），将调好的牛肉馅铺上去，压均匀（图8）。另取一张油豆皮，一面抹上淀粉水，然后把抹了淀粉水的这一面压在肉馅上，用手抚平，接着用快刀切成拇指粗细的条状（图9）。

* 油豆皮抹淀粉水后可以和肉馅黏合得更牢固。

* 切的时候最好用快刀，因为豆皮看似薄，但很有韧性，并不好切。而且要注意，一定要垂直切，下刀要准、要狠，一次完成，不要前后来回蹭着切，这样容易使油皮和馅脱离。

炸松肉

④ 锅内倒大量油，大火烧至六七成热，将切好的松肉一条条下锅，中火炸至表面金黄即可（图10）。

* 油温要高一些，火大一些，这样炸出来的松肉表面才能金黄香酥。

* 松肉要一条条地放，且动作要快。如果一下子全倒进锅里，松肉容易散。

灵活运用

传统做法还要加入一种叫作"饹馇"的豆制品，是绿豆面做成的，单独煎炸后蘸蒜汁就很好吃，豆香味浓郁，加在松肉里也很棒，只是通常很难买到，因此不必强求。也可以加少许豆腐，味道也不错。如果不喜欢吃牛肉，可以用羊肉或者猪肉来做这道菜。

懒人妙招

松肉除了炸着吃以外，还可以熘着吃。粗略做法是在碗中放黄酒、酱油、清水、少许醋和香油、葱蒜末，放入锅中烧开，稍微勾点芡，然后把炸好的松肉放下去炒匀，味道也很不错。

老汤の羊蝎子

酱香醇厚，骨头越啃越香。

羊蝎子在北方的冬天可以说是仅次于涮羊肉的温暖代名词。它也算是火锅，只是吃法不太一样而已；先吃肉啃骨头，然后用汤来涮菜煮面条，非常过瘾。

准备原料

① 羊蝎子用清水泡 2 小时，倒掉血水（图3），葱切段、姜切厚片，干黄酱放少许水调稀（图4），香料用纱布包好（图5）。

*骨头类的原料在正式烹制之前必须在清水中泡几小时，以去除血水和杂质。

② 羊蝎子冷水下锅，边焯边撇血沫（图6），大约煮5分钟后捞出，汤备用。

*在水还没完全开的时候，锅中就会出现血沫，要快速不停地撇沫，不然血沫混在汤里被骨头吸收就不好了。直到汤中没什么沫或只有少许白色的沫就可以了，这时的羊蝎子汤不会有异味。

原 料	（图1）
主料	
羊蝎子	1200 克

羊蝎子也叫羊脊骨，最好用当天宰杀的新鲜羊蝎子，让卖家帮忙剁开。

其他调料	
干黄酱	50 克
酱油	30 克
盐	8 克
黄酒	50 克
冰糖	15 克
葱姜蒜	各适量

如没有干黄酱，用黄豆酱亦可。

香料	（图2）
八角	5 个
香叶	6 片
花椒	30 粒
桂皮	1 块
草果	1 个
小茴香	一撮
孜然	一撮

图1

图2

图3

图4

图5

图6

图7

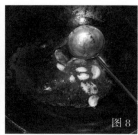
图8

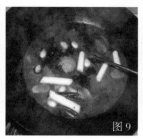
图9

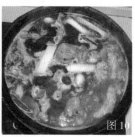
图10

煸炒调料

③ 炒锅放少许油，烧至七成热，下姜蒜大火煸炒出香气（图7）。

* 先用热油将姜蒜煸出焦香气息，可以使味道更香一些，但注意时间要短，不能太久。

④ 接着开中火，放入稀释过的黄酱，炒至酱色发亮且香气飘出（图8）。

* 黄酱用中火炒便可，时间同样要短，激发出香气就行，这样调出的酱汤更香。如果用黄豆酱就不必加水稀释，直接炒。另外，转中火后最好过一会儿再放黄酱，因为刚转中火时油温稍微有些高，蒜不剥皮也可以。

炖制

⑤ 接着放酱油和黄酒，大火炒一下，立刻倒入煮羊蝎子的汤，烧开后，放葱段、盐和冰糖（图9），随后倒进放羊蝎子的锅里烧开，加锅盖小火慢炖 1～1.5 小时即可（图10）。

* 如果想吃羊蝎子火锅，水就要多放一些；如果只是吃羊蝎子，不涮菜，那么水只要没过羊蝎子就行。

* 这一步骤中，刚炖羊蝎子的时候还会出现一些小沫，这不影响味道，不必撇去。

* 一定要用最小火炖，让汤面保持微开状态。如果加锅盖后汤开得太大，可以把锅盖打开一半。

* 如果汤还剩下一些，可以留起来下次用，这就是老汤，记得要冰冻保存，以防变质。如果是涮完火锅的汤，就不要留了。

灵活运用

这个方法也能用来炖羊棒骨或猪棒骨。不过，猪肉异味不大，所以香料要减少一半，只用八角、桂皮、香叶、花椒，香料太多就吃不出肉味了。而牛棒骨由于个头过大，所以很少像其他动物棒骨那样烹调食用。

食材笔记

羊蝎子分好几种：肉最多的叫"肉蝎子"，适合爱吃肉的朋友；还有一种叫"净蝎子"，就是骨头上的肉剔得特别干净，这种适合熬汤用；另外一种叫"精品蝎子"，就是肉不多也不少，适合炖好了慢慢啃。我就喜欢最后这种，肉蝎子太多肉，失去了啃骨头的乐趣，而且吃两块就撑了，还是慢慢啃着有肉的小骨头比较舒服，你觉得呢？

孜然烤羊排

孜然味道浓郁，羊肉焦香气十足，肉质软嫩，稍有韧性。

10多年前，我曾在内蒙古吃过用原始的箱式炭火炉烤的全羊，那只被烤得油亮金黄的羊，没有那些画蛇添足的酱料，甚至没有孜然和辣椒，只是撒了些盐，肉的味道便已极好！做这道烤羊排，也尽量用最少的调料，激发出羊排最原始的鲜味——花椒是羊肉的绝配，花椒水更是威力加倍，再加上洋葱，根本无须料酒之类的去膻之物。

做 法

腌制羊排

① 花椒用热水浸泡，放置至花椒水凉透。洋葱切细丝，与花椒水（含花椒）一起倒入盆中，放盐抓匀（图2）。

* 花椒水一定要完全凉凉了再用。

原 料 （图1）

主料

羊排……………… 1000 克

建议挑选小一些的羊排，毕竟家中烤箱空间有限。带点肥肉的会更香，最好是新鲜宰杀而不是冷冻的。

羊排腌料

洋葱…………………1个

花椒……………… 适量

盐………………… 适量

其他调料

孜然粒、辣椒面… 各适量

盐………………… 适量

图 1

图 2

图 3

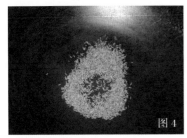
图 4

图 5

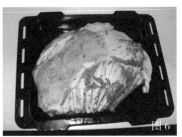
图 6

图 7

图 8

② 将羊排洗净，放入盛有花椒水和洋葱的盆中，用羊排腌料给羊排 "做按摩"，两面都要抹上，腌渍 3 ~ 5 小时（图 3）。

* 洋葱是羊排调味的好帮手，既可去除膻味，还能赋予羊排属于洋葱的特殊香气。这里可以多用些洋葱，尽量用腌料把羊排裹住。
* 用浓浓的花椒水腌羊排，也有去膻增香的作用。
* 盐要多放一些，因为有花椒水，洋葱和羊肉都会出水，会稀释咸味。
* 为什么不用孜然腌呢? 因为孜然只有受热才能激发出香味，常温下很难出味，而且烤制时间长容易烤煳。
* 如果羊排较大，比如 1500 ~ 2000 克，就得腌 8 小时。

炒孜然粒

③ 孜然粒放入无水油的干净锅内，开小火煸炒 1 分钟至出香气（图 4），盛出凉凉后捣碎（图 5）。

* 前面说到孜然受热才能出香气，炒孜然粒正是出于这一理由。饭店里明火的火力猛，直接用生孜然粒也可以，家中没有明火烤制的条件，所以孜然要炒一下再捣碎，味道特别香。

烤羊排

④ 烤箱上下火各 200℃预热 10 分钟，烤盘刷油，将羊排有肥肉的一面朝上放在烤盘上（图 6），放进烤箱约烤 35 分钟（图 7），至表面有焦黄色时取出两面各刷一遍油，并撒孜然粉和少许盐再烤 10 分钟，最后取出撒辣椒面，再烤两三分钟即成（图 8）。

* 无论用烤箱烤什么，都要提前预热，这是必需的。
* 烤的过程中羊肉会出水、出油，咸味会减轻，因此还要撒些盐。
* 辣椒面要最后撒，提前撒会烤煳，孜然耐热程度比辣椒面高，所以可以提前一点放。
* 如果羊排比较大，那么烤箱上下火的火力要调低一些，否则羊排表面和里层受热不均匀，外面焦了，里面还是生的。等差不多熟了再调高火把外表烤焦黄，可以用牙签扎进羊肉中试试生熟程度，找肉厚的地方，牙签插入后没有血水渗出就差不多了。
* 如果担心烤盘粘上油不易清洗，可以垫张锡纸。

叁 牛羊鲜

灵活运用

这道菜没有给出具体的调料分量，因为味道很简单，大家可以按自己的喜好去调整，但是建议多放些洋葱和花椒，味道会更好。这种方法也可以烤羊腿，但注意在肉厚的地方划几刀，不然不容易入味，而且腌的时间也要相对长一些，24 小时左右。

懒人妙招

其实这道菜的做法已经够简单了，如果还想 "偷懒"，可以省去腌的环节，直接烤，约 35 分钟后撒盐和孜然，接着烤，10 分钟后撒辣椒面烤一会儿。不过，运用这一方法的前提是用高品质的羊肉，这样才不会有异味。

鸡鸭嫩

第四章

小时候那一碗依稀漂着黄油的鸡汤让我至今难忘，

一片香酥的鸭皮也会让人拍案叫绝。

「一只鸡」或「一只鸭」这3个字在我们心中似乎象征着圆满，

就像过节家人聚齐了一般。

用最普通的食材做出不同的美味，

才是正道！

蒸水蛋

嫩滑有弹性，口感如布丁一般。

蒸水蛋是从小吃到大的，但几乎每次吃的都是"马蜂窝"，直到在酒店吃了蒸水蛋，才知道原来水蛋也可以达到"无风水面琉璃滑"的境界。仔细想来，蒸水蛋当中的学问还真挺多的。

做法

打鸡蛋

① 鸡蛋打入碗中（图2），搅打至蛋清和蛋黄完全混合，加入白开水搅匀（图3），用细笊过滤蛋液至蒸碗中（图4），再用细勺撇去边缘细沫（图5）。

* 鸡蛋必须充分搅匀，让蛋清和蛋黄完全混合，这样蒸水蛋的口感才会细腻。可以多打一会儿。

* 蒸水蛋一定要用烧开凉后的白开水，因为烧开的水中空气更少，这样蒸出来的水蛋几乎没有气孔。

* 打完的蛋液表面会出现很多浮沫，一定要撇掉，否则蒸出来会有很多"蜂窝"，既不美观又影响口感。因此要用细笊滤掉浮沫，或者用小勺把所有浮沫赶到一起撇掉。

* 蒸水蛋的碗最好大而浅，让蛋液可以铺开，这样更容易熟。如果用一个很深的碗，想蒸好水蛋，难度就大了。

蒸水蛋

② 蒸锅里倒入冷水，将装蛋液的碗放进锅中，然后轻轻搅拌一下，让水和蛋液混合得更加均匀（图6），接着在碗口上盖一个盘子（图7），再把锅盖盖上，用中火烧开后，继续蒸七八分钟即可（图8），出锅浇豉油（依个人口味，加生抽、醋、香油也可以）。

* 千万不要等大火把水烧开了再放蛋液进去蒸，这是蒸海鲜的方法，如果用来蒸水蛋，就会导致水蛋变成"蜂窝"。要冷水冷锅把蛋液放进去，让蛋液和蒸锅一起升温，这样温度慢慢上升，鸡蛋才不会老，口感不会发硬。

* 蛋液和水的密度不同，所以会有沉淀，上锅蒸之前最好再轻轻地搅拌一下，不过别太用力或长时间搅拌，以免表面再起泡沫。

* 蒸水蛋时一定要把盛蛋液的碗盖住，这样才能避免蛋液表面受热过度，导致水蛋变老、出"蜂窝"。通常家里会用保鲜膜，个人认为这不够健康，蒸汽温度超过100℃，保鲜膜可能会析出不利健康的元素，因此用盘子盖上更好。

* 蒸蛋的火候很重要，最好一直使用中火，让温度不至于上升得太快，火力太猛，鸡蛋很容易老。蒸锅烧开后建议把锅盖掀开一些，留一点点小缝隙，让蒸汽压力稍微释放一点，这也是保持水蛋嫩滑的方法。

* "蒸七八分钟"是从蒸锅烧开后才开始计算时间，而不是从一开火算起，切记！

原料 （图1）

主料

鸡蛋……………… 2个

（蛋液约100克）

白开水………… 160克

鸡蛋越新鲜越好。

调料

蒸鱼豉油………… 适量

香菜（装饰用）…… 适量

蒸鱼豉油也可以用生抽代替，但蒸鱼豉油的味道更鲜。

灵活运用

这里介绍的是最基本的蒸水蛋的方法，想要有些变化，还可以往蛋液里放鱼片、虾仁或肉末等来蒸制，味道更鲜美。但是肉类相较于鸡蛋更不易熟，应该提前稍微焯一下水，再放进蛋液中一起蒸。

肆 鸡鸭嫩

图1　图2　图3　图4

图5　图6　图7　图8

紫菜蛋花汤

咸鲜的口味，漂亮的蛋花

看着早点摊上冲出的一碗漂亮的蛋花汤，是不是许多人也回家试着做过，结果却做出乱七八糟的一碗鸡蛋渣子呢？看似简单的一碗蛋花汤，其实也需要很多技巧！

做法

准备原料

① 西红柿切薄片，紫菜撕开，与虾皮一起放入碗中，再撒些香菜末和葱花，放适量盐、胡椒粉、香油备用（图2）。

＊碗中底料每样放一点就可以了，因为最后要用蛋花汤去冲，如果放太多底料，汤的温度会一下降低很多。

② 鸡蛋打入碗中，打匀备用（图3）。

＊鸡蛋要多搅打一会儿，让蛋黄和蛋清混合均匀。

打蛋花汤

③ 锅里放略多于一碗汤量的清水烧开，然后调最小火，让水面恢复平静。

＊烫蛋花的水量可以稍微多一些，这样总体的温度有保证，可以快速地烫熟蛋花，不会因为温度太低而使蛋花汤变混浊。

＊打蛋花最重要的就是不能在水滚开的时候下蛋液，那样一下就把蛋花冲散了。等水完全开后再调小火让水面保持平静，此时下蛋液才能形成漂亮的蛋花。

④ 将蛋液如一条粗细均匀的细线般缓缓转圈倒入水中，蛋花就出来了（图4）。

＊下蛋液时要匀速地转着圈倒，而且流量要尽量保持一致，这样蛋花才会均匀漂亮。不能一下把鸡蛋液全倒下去，那会使水温瞬间下降，鸡蛋不能成熟，汤就变得混浊了。而且蛋花形成后千万不要用勺子去搅拌，那样就全散了。

＊如果怕蛋花不熟或温度不够高冲不开底料，最后可以再开大火升一下温，但是不能烧开，持续几秒就行了。

⑤ 将打好的蛋花汤倒入底料碗中即成。

＊不必把汤完全倒进去，只要保证蛋花都倒进碗中就可以，余下的汤水就不需要了。

原料 （图1）

主料

鸡蛋……………… 1个
西红柿、紫菜…… 各适量
虾皮……………… 少许

鸡蛋越新鲜越好。

调料

盐、香油、胡椒粉、
香菜末、葱花…… 各少许

更上一层楼

蛋花汤的做法还有一种，其中的关键在于勾芡。汤勾完芡后再下蛋液，朝一个方向搅匀即可。最重要的一点是，想要做出漂亮的蛋花，汤中的食材越少越好。如果汤中全是食材，那么蛋液下锅后肯定会被各种食材冲击得七零八落，再有什么技巧也不管用了。这也是正文中直接用清水做蛋花汤，然后倒进碗中的原因。勾芡的蛋花汤不能用正文中的方法，只能通过让汤中的食材少一些来保证蛋花的品质了。

肆 鸡鸭嫩

图1

图2

图3

图4

家常赛螃蟹

偏酸甜，姜味浓，鸡蛋十分嫩滑。

赛螃蟹其实就是「酸甜炒鸡蛋」，是道名副其实的懒人菜。

不过，怎么把鸡蛋炒得又松软又滑嫩，还是有些诀窍的。另外，要注意味汁必须严格按比例调制，否则调不出螃蟹味。这道菜尤其下饭，平时吃煮鸡蛋一个足矣，但是这里用了3个鸡蛋，在不知不觉的情况下就会全吃完，毫无压力。

原 料 （图1）

主料

鸡蛋·····························3 个

除了鸡蛋，鸭蛋、鹌鹑蛋也可以，只是可能腥味大一些，要适当多倒些黄酒。

辅料

虾皮·····························少许

味汁调料

酱油	10 克
醋	15 克
黄酒	5 克
白糖	12 克
姜	15 克
葱	少许

大家一定有炒鸡蛋时没放多少盐却感觉很咸的时候，就是因为鸡蛋不吃盐，稍微放一点盐就可能过咸。所以这道菜不用放盐，有酱油就足够了。

图1　图2　图3
图4　图5　图6
图7　图8

 **做法**

准备原料

① 葱姜切末备用（图2），鸡蛋打匀，虾皮切细放进鸡蛋中，再放少许姜末（图3），打匀。

*鸡蛋尽量多打一会儿，令蛋液均匀，否则炒出来有白有黄不美观。因为虾皮有少许腥味，所以要放姜末去腥。

调汁

② 将味汁调料全部放进碗中调匀备用（图4）。

*味汁要搅匀，尤其是白糖要搅化，不然倒汁的时候倒不完全，破坏各种调料的比例，影响味道。

*姜和醋相对于其他调料较多，这样才能调出类似螃蟹的味道。

略炒鸡蛋

③ 锅烧热，倒适量油，烧至八成热，将打匀的鸡蛋液倒入锅里（图5），开大火将其炒成一块块的，盛出备用（图6）。

*炒鸡蛋的油要稍微多一些，保证全程大火，这样可以让炒出来的鸡蛋更松软。如果油少火小，热度不够，鸡蛋就会发硬，而且会吸更多油。

*鸡蛋别炒太久，刚熟就行，这样口感更嫩。

烧味汁

④ 不必洗锅，直接将味汁倒进炒过鸡蛋的锅中用大火烧开（图7）。

*为了使各种调料的味道更好地释放，需用大火单独烧一下味汁。烧汁的时候不必另外放油，用炒完鸡蛋的锅就可以了。

炒鸡蛋

⑤ 将炒好的鸡蛋放进味汁中炒匀即可出锅（图8）。

*鸡蛋完全裹上味汁就可以出锅了，别炒太久。

肆　鸡鸭嫩

酱爆鸡丁

酱香浓郁，甜度适中，鸡肉滑嫩，黄瓜脆爽，下饭一流。

　　有些菜步骤烦琐，费火耗时，才能出美味；有些菜需其他妙材相配，才可出众；有一种菜，却天生丽质，稍加收拾，便可服众，酱爆菜即是。哪个牌子的酱最适口要靠摸索，但无论哪一种酱，要炒香都需用中小火慢慢来。

做法

准备原料

① 鸡胸肉切1厘米见方的大丁，用腌肉调料拌匀，再用蛋清抓匀，之后放淀粉拌匀（图2）。

原　料	（图1）
主料	
鸡胸肉·············	250 克
鸡胸肉有些柴，也可以用嫩一些的鸡腿肉。	
辅料	
黄瓜·················	适量
腌肉调料	
盐·················	1 克
黄酒·················	5 克
其他调料	
甜面酱·················	30 克
黄酒·················	3 克
白糖·················	10 克
姜·················	3 克
蛋清、淀粉 ·····	各少许

图1

图2

图3

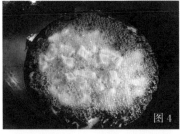

图4

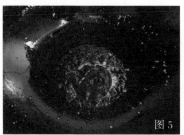

图5

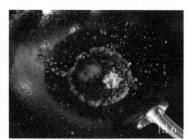

图6

图7

图8

* 鸡胸肉虽然含水量大，但是受热后脱水量也是惊人的，一旦腌制不好，烹调后肉质就会比较柴，而且汤水颇多，导致成菜失败。所以，这里先用蛋清封上，然后裹上淀粉。淀粉量要稍多一些，感觉鸡丁表面比较黏稠最好。

② 黄瓜纵向四等分后去瓤，再切成边长1厘米的丁，姜切细末（图3）。

* 黄瓜瓤水分太大，炒后容易出水，且口感不够脆，因此去除。

* 黄瓜可生食，口感爽脆，因此在炒制前用开水稍烫即可，不必单独焯水。

滑鸡丁

③ 锅内多倒些油，烧至五成热，放入鸡丁，中火滑油20秒左右捞出，此时鸡丁大约是九成熟（图4）。

* 油温要控制好，太高的话鸡丁会粘成一团，太低则鸡丁表面淀粉会脱落，以五成热为好。鸡丁放进油中后，不要马上搅动，等几秒再翻动，这样，其表面的淀粉会形成很好的保护层。

炒酱

④ 将锅中油倒出，只留少许底油，把甜面酱放进去，用中小火慢慢炒（图5），看到炒出酱疙瘩后放白糖和姜末（图6），再放些黄酒，继续炒出香气。

* 炒酱时要耐心，火力要小，油不能太少，起初酱会变成小疙瘩，不必担心，接着炒，不要停。放姜是为了提香，放黄酒是为了去涩味并让酱变得顺滑，再炒下去，等生味尽除，酱香味逸出，酱变得光亮，就可以了。

* 甜面酱比较咸，所以不用再放盐了。

炒鸡丁和黄瓜

⑤ 等酱变得顺滑光亮时，将鸡丁和黄瓜丁倒进锅中（图7），大火炒约10秒即可出锅（图8）。

* 最后用大火将鸡丁和黄瓜丁炒几下裹上酱就可以出锅了，不可久炒，否则会煳。

灵活运用

酱爆这种口味老少皆宜，因此也可以用其他质地或嫩或脆的食材来做，常见的如酱爆鸭丁、酱爆鱿鱼等，但前提是异味不能太大。

食材笔记

甜面酱虽有甜味，但咸味也很足，各个牌子的味道不尽相同，有的很咸、颜色很黑，炒的时候稍微多放一点，成菜就会又黑又咸，成为下品；有的味道适中，颜色也发黄，炒出来酱味比较好，咸甜味合适，颜色也不错，这是比较好的。如果碰到味道好但颜色太浅的品种，可以在炒制的时候放少许酱油提色。另外有一种做法就是用黄酱来炒，黄酱咸度更大但是酱味好，要少放酱、多放些白糖。大家可自行调整，在不断实践中找到最适合自己的酱料。

鲜椒辣子鸡丁

味道咸鲜清辣，微带一丝酸香，鸡肉脆嫩。

辣子鸡丁是四川的又一道传统名菜，以泡辣椒的酸香和微辣来驱赶鸡肉的腥气。调一碗充满希望的微辣的汁液，倒入火光四射、油气喷溅的热锅中，瞬间，汁水凝固，牢牢地扒在鸡肉的每一个缝隙，红油又裹在了汁液上，一层层，牢牢地锁住一切，最后米醋的加入提醒了我们，有种香气「直到最后一秒才明白」。

原　料　（图1）

主料

鸡琵琶腿…………… 2 个
（约 300 克）
新鲜鸡腿肉会让口感更加脆爽。

辅料

泡椒…………………… 20 克
美人椒、杭椒…… 各适量
美人椒和杭椒的作用很关键，二者合称青红椒。如果没有青红椒，放其他鲜辣椒也可以。

腌肉调料

盐……………………… 1 克
黄酒…………………… 5 克
蛋清…………………… 少许
淀粉…………………… 少许

碗汁调料

酱油…………………… 10 克
黄酒…………………… 10 克
白糖…………………… 2 克
盐……………………… 1 克
清水…………………… 20 克
淀粉…………………… 适量
川菜是否好吃，碗汁（即事先调好的味汁）是关键中的关键。酱油和淀粉的比例根据使用的淀粉品牌不同而有差异，多实践几次，找到自己的"川菜之灵魂"。

其他调料

米醋…………………… 5 克
葱姜蒜………………… 各适量

图 1

图 2

图 3

图 4

图 5

图 6

图 7

图 8

做法

准备原料

① 鸡腿去骨切成 1.5 厘米见方的大丁（图 2），放腌肉调料抓匀备用（图 3）。

＊鸡丁别切太小，炒后会有一定程度的缩水。腌鸡肉时按列出调料的先后顺序投放。

② 泡椒剁细，美人椒和杭椒切约 1 厘米长的小段，葱姜蒜切小片（图 4），将所有碗汁调料放在小碗中调匀备用。

＊泡椒剁得越细越好，这样红油更容易炒出来，味道也释放得充分。

＊调碗汁的时候要搅匀，至白糖和盐完全溶化，淀粉形成的小疙瘩完全消失即可。

生炒鸡丁、炒三椒

③ 锅烧热，多倒些油，烧至六七成热时放鸡丁，大火炒散，约 5 秒（图 5）。

＊生肉直接下锅炒易粘锅，因此锅内最好提前刷一层油，炒菜时的油量也要稍多一点。

④ 接着放泡椒炒出红油和香气，约 15 秒（图 6），再放美人椒、杭椒和葱姜蒜炒 15 秒（图 7）。

＊美人椒和杭椒在锅里炒的时间要足够长，否则会有"生辣"味，而不是香辣味。

浇汁

⑤ 倒入调好的碗汁，炒匀至汤汁全部包裹在食材上，最后加米醋出锅即成（图 8）。

＊碗汁倒入锅中之前要再搅拌一下，否则淀粉会沉淀。

＊米醋要最后加，这样成菜的醋香才会浓郁，提前加醋则味道都挥发了。

灵活运用

这道菜非常美味，其他的肉类也可以用这种方法来烹调，但是一定要选肉质嫩的食材，并且要根据食材特性改变其形态，不一定非要切成丁。比如猪肉里最嫩的是小里脊和梅花肉，最好切成片来炒，切丁口感会差些。新鲜的腰子也可以用这种方法来炒。

食材笔记

传统川菜里的辣子鸡丁只放"鱼辣子"——泡椒即可，这里我借鉴了湘菜的做法，在其中加了杭椒和美人椒，这两种椒并不是很辣，但具有鲜辣椒的清新味道，会使这道菜的口味更丰富、更有层次感。

荷香糯米鸡

鸡肉腊肠馅料咸香鲜美，荷香味足，鸡肉软嫩，糯米软且有嚼劲。

这道菜类似广东的肉粽，只是肉粽是用生肉直接煮制，这道菜却需要提前炒制。广东的腊肠是咸甜味的，酒香浓厚。无论是煲仔饭还是糯米鸡，好像天生就和米有不解之缘。咸蛋黄是沙沙的口感，海米略带海洋气息，再配以腌好的鸡肉，味道自是特别。且刚蒸出来其实不是最好吃的时候，下一次从冰箱中取出来重新蒸过的糯米鸡才是最美味的。用一把洁净的钢勺，舀起一团，热气徐徐而起，慢慢送到唇边，轻轻咬下，用牙齿感受着不同的口感——软糯、颗粒感、鲜香，甚至有海风，一层层接踵而来……

原　料　（图1）

主料

鸡腿肉	200 克
糯米	250 克

可以用整鸡，但去骨较为麻烦，方便起见，改用鸡腿肉。

辅料

咸鸭蛋黄	3 个
广式腊肠	1 根
海米	少许
干荷叶	若干

干荷叶香气更足。

腌肉调料

黄酒	10 克
生抽	15 克
蚝油	10 克
盐	1 克
白糖	5 克
胡椒粉、老抽	各少许

图1 图2 图3 图4 图5 图6 图7 图8 图9

准备原料

① 糯米提前泡12小时，蒸的时候把多余的水倒掉，稍微剩一点水即可，大火蒸熟，用筷子拌散（图2）。

  * 糯米一定要提前泡上，否则耗费火力和时间不说，也没有嚼劲。

  * 泡好糯米后把多余的水倒掉，可以保证蒸出来不会黏成一大团。

② 鸡腿肉切粒，咸鸭蛋黄、腊肠和海米切小粒（图3），干荷叶用开水焯一下备用。

  * 海米不能太多，否则会有腥味，要用温水提前泡一下。

  * 咸鸭蛋黄要是有自己家腌的更好。

腌鸡粒

③ 鸡粒用腌肉调料拌匀，腌1小时左右备用（图4）。

炒馅料

④ 锅中倒入适量油，烧至七成热，下腌好的鸡粒，用大火炒散至发白，接着将腊肠、咸鸭蛋黄、海米粒放进锅里继续炒，再放少许黄酒和胡椒粉（图5），炒1分钟左右。

  * 鸡粒味道已经足够，腊肠、蛋黄和海米也都挺咸，所以炒的时候不必再加盐，只放少许黄酒和胡椒粉去异味，再加少许老抽调色就可以了。

  * 要稍微多炒一会儿，让各种调料的味道融合在一起。

⑤ 感觉稍微出汤时，将糯米饭倒下去（图6），用中小火炒匀即可（图7）。

  * 加糯米饭之后不能开大火，否则会粘锅，只要拌匀，让米沾上料汁就可以了。

包糯米鸡

⑥ 荷叶切长方块，将适量馅料放上，包成小荷叶包（图8），如此将馅料全部包完，放入蒸屉，大火蒸半小时左右即可（图9）。

  * 荷叶包不要包得太大，太大需要相应延长蒸制的时间，包成两三口一个的大小就可以。

  * 蒸的时间只能长不能短，如果喜欢吃特别软糯的，可以多蒸一会儿。

小煎仔鸡

咸鲜微辣，鸡肉滑嫩，蔬菜脆爽。

中餐之博大超出我们的想象，很多菜乍看之下给人以雷同之感，但吃起来则风格迥异。小煎仔鸡便是如此。这道菜感觉和其他的鸡肉炒法相似，但是做菜也不光是靠炒制方法，一些辅料和调料的加入，就令它独具特色。这道菜加了青笋和芹菜心，佐以泡椒，风味立刻就显得独特了。因此，中餐之道，贵在合理的基础上「多变」，如此便可服人。

原料 （图1）

主料

鸡腿肉	350 克

（剔骨后约 250 克）

传统做法用小公鸡，家常烹调为省事用鸡腿就可以；鸡胸肉较柴，口感不好，不建议使用。

辅料

莴笋	适量
芹菜心	适量

腌肉调料

盐	1 克
黄酒	5 克

味汁调料

黄酒	10 克
酱油	10 克
醋	5 克
盐	1 克
胡椒粉、香油	各少许

其他调料

泡椒	适量
葱姜蒜	各适量
淀粉	适量

图 1　图 2　图 3　图 4　图 5　图 6　图 7　图 8　图 9

做法

灵活运用

各种肉类皆可用此种方法，只是务必挑选肉质鲜嫩的部位。

准备原料

① 鸡腿去骨，用刀拍几下，切成长 4 厘米、粗 1 厘米的条，用腌肉调料抓匀，再放少许水淀粉抓匀备用（图 2）。

* 鸡腿肉用刀拍一下可以使肉更松散一些，口感更好。

② 将莴笋去皮切条，用少许盐腌一下，芹菜心切段，泡椒切小段，葱姜蒜切片备用（图 3）。

* 莴笋用盐腌一下可以逼出些多余的水分，炒制后更加脆爽，而且成菜后不会出多余的汤汁。

* 芹菜心在四川被称为芹黄。

③ 将所有味汁调料倒入碗中调好，放适量淀粉搅匀备用（图 4）。

煎鸡条

④ 炒锅烧热，放正常炒菜用油，中大火烧至七成热时，将腌好的鸡条放入锅中摊平煎 20 秒左右，接着翻面再煎 20 秒（图 5）。

* 先在锅中煎一下会使鸡皮更有弹性，还可以把皮中的脂肪煎出一些。

炒制

⑤ 将泡椒和葱姜蒜放入锅中，大火炒 10 秒至出香气（图 6），接着将笋条放下去炒 15 秒左右（图 7），倒入调好的味汁，快速炒动（图 8），最后加入芹菜心炒几下便可出锅（图 9）。

* 炒制时需全程大火，不必担心炒过火候。

* 泡椒要炒够火候，炒出香气，否则有"生"味。也可以稍微提前一点先放泡椒。

* 莴笋可以生吃，不必炒太长时间，而且炒制时间短才会有脆爽的口感；芹菜心更是如此，快速翻炒一会儿裹匀汁便出锅。

* 味汁入锅之前要适当搅动，否则淀粉沉在底部，倒不出来，无法收浓味汁，整道菜就会变得索然无味。

啫啫滑の鸡煲

酱香味浓郁，上桌后很有气氛，酱汁裹在鸡肉上，极弹滑。

啫啫煲就是将新鲜食材直接放进烧得极热的砂煲里炒制，是粤菜一种独特的烹调方式。只有「饕」尽天下、敢「吃」天下先的粤人能琢磨得出来。砂锅的储热功能本来就很强大，在这一烹调方式中又会提前烧很久，储存了足够多的热量，肉食在入锅的瞬间其表面就能成熟，锁住水分，令其口感弹爽脆嫩。足够的热量还能让酱汁变得喷香，让黄酒蒸腾，使这道菜拥有一种「原始的野性」！

图1　图2　图3　图4　图5　图6　图7　图8

做法

准备原料

① 鸡肉连骨一起剁成块，用少许黄酒和盐抓匀腌一会儿，最后放少许干淀粉抓匀（图2）。

＊鸡块不能剁得太大，否则不容易熟。

② 干葱去两头、去皮，葱切段，蒜切两半，姜切厚片，香菜切段（图3），将啫啫酱调料全部倒于碗中搅匀备用。

＊啫啫酱汁尽量在这一步中提前调好，之后才不会耽误炒制时间。

煲热砂锅

③ 将砂锅大火烧热，锅中多放些油，放姜片和蒜煸至表面微黄、香气逸出（图4）。

＊这里的"烧热"需要达到砂锅有点冒烟的程度才行。

＊砂锅完全烧热后才能放油，如果先放油，砂锅还没有储存足够的热量，油温可能会变得太高而导致着火，同时，油加热过久也不利健康。

＊由于砂锅非常热，放凉油可能有裂开的危险，建议先在其他锅中把油稍微热一下再放进砂锅中。

＊油要比平时炒菜放得多些，因为生肉很吃油，油放少了，肉中水分渗出，味道就不香了。

炒鸡肉

④ 保持大火，将鸡肉放进砂锅，用筷子拨散，炒至表面稍微发白，约30秒（图5），接着放调好的啫啫酱炒匀，至七成熟（图6），过30秒左右，再将干葱放下去炒匀（图7），加锅盖大火焖1分钟。

＊炒制时间依情况而定，这里只是给出一个参考。肉类原料不要放太多，否则容易出水。

＊同理，葱、香菜和干葱也要适量，太多了同样会出水，这道菜最大的"敌人"就是水汽。

＊酱汁已有足够的咸味，不必另加盐。

⑤ 1分钟后将锅盖打开，快速将葱段和香菜段放进去（图8），立刻盖上锅盖，沿锅盖边缘浇少许黄酒，即可上桌。

＊最后浇黄酒可使菜肴更加喷香，为了增添色彩，也可放少许青红椒。

灵活运用

啫啫煲可以用来做很多菜，要求所用原料脆嫩为好，除了鸡肉鸭肉外，还可以用生肠等。当然，最有名气的当属用黄蟮做的这道菜了，只是现今好黄蟮实在难寻，家中制作亦颇为麻烦。不管哪一种，千万注意不要烫伤。

盐酥鸡

咸鲜之中，淡淡的九层塔味道若隐若现，外皮口感极酥脆，鸡肉脆中带着酥香。

盐酥鸡是台湾的做法，味道和口感都与我们常吃的炸鸡有所不同。首先是外皮，使用了红薯粉和黄豆粉，而没有用传统的面包糠。虽然少了些金黄的色泽，却也不那么吸油，使得表皮的口感更加酥脆，持久性也更长一些。其次就是调味，来自台湾的小吃，配上台湾菜爱用的调料才地道——这说的就是九层塔。注意，九层塔要最后放才有香味。

原料 （图1）

主料

小公鸡		1只
		（约750克）

新鲜的小公鸡最好，鸡腿也可以。

裹粉调料

红薯淀粉		150克
黄豆粉		20克

红薯淀粉分两种状态，一种是粉面，一种是稍带少许疙瘩的，后者更纯一些，不过需要用擀面杖进一步压碎才行。黄豆粉就是黄豆炒熟去皮碾成粉。

腌肉调料

甜米酒		20克
盐		5克
胡椒粉		3克
五香粉		5克
鸡蛋		1个

其他调料 （图2）

大蒜		2头
九层塔		少许

图1

图2

图3

图4

图5

图6

图7

图8

图9

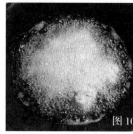
图10

图11

准备原料

① 小公鸡洗净剁成适当大小的块（图3），大蒜用机器打成泥（图4），红薯淀粉和黄豆粉混合均匀备用（图5）。

* 鸡块别剁太大，否则不容易炸熟，吃起来也不方便，也不能太小，否则炸出来口感会发干；不去骨是避免吃纯肉过于肥腻，带点骨头更香，但注意别扎到嘴。

* 蒜泥不要太早打出来，否则容易变色变味，要腌的时候再打。

腌制鸡块

② 将蒜泥和所有腌肉调料倒入鸡块中，搅拌均匀，腌两三小时备用（图6）。

* 腌制时间要控制好，不能太久，因为其中有大蒜，时间长了味道不好。

* 腌鸡块的时候最后再放鸡蛋，先让鸡肉吸收其他调料的味道。如果先放鸡蛋，会在鸡肉表面形成保护膜，其他调料的味道就不容易进入肉中。

③ 将腌好的鸡块放进红薯淀粉和黄豆粉的混合粉中拌匀（图7），至鸡块全部沾上混合粉（图8）。

* 一定要把红薯淀粉和黄豆粉拌匀，给鸡块上粉的时候可以适当地攥一下，使粉牢牢地粘在鸡块上。

炸制鸡块

④ 为了去掉鸡块表面多余的淀粉，用大眼的笊篱稍微抖动一下（图9）。

* 一定要有这道工序，否则鸡块表面粉太厚，炸出来口感过硬，而且会很吸油。

* 如果没有笊篱，在手上来回倒一倒也行。

⑤ 炒锅内倒大量油，大火烧到七成热，放入鸡块，中大火炸至表面淡黄（图10），抓一把九层塔扔进锅中再一起炸10秒（图11），随后立刻捞起即成。

* 炸鸡的油温不能低于七成热，因为表面的淀粉不容易炸成黄色，油温必须高些。

* 最后放九层塔是为了让它的味道瞬间转移至鸡块表面，不能久炸，否则时间一长，味道就转移到油中了。

灵活运用

这种制作方法适用于很多食材，如鸡翅、猪里脊、鲜鱿鱼、鱼肉等质地鲜嫩的原料。

食材笔记

九层塔也叫罗勒，是一种带有异国风情的香草。它的味道有人喜欢有人嫌，八大菜系中用得不多，台湾菜中用量很大。台湾最有名的三杯鸡，最后必定放九层塔，否则不能正其名。各种香草有味道浓烈和清淡之别，因此也有先下后下之差，如迷迭香、鼠尾草之类香气持久浓烈的一般是先放，而像九层塔等味道清淡的香料则应后放，否则味道极易丢失。

荷香叫。花鸡

鸡肉极嫩，味道清淡柔和，荷香味浓，外边的面皮也极为酥脆。

以前的叫花鸡是用黄泥把鸡裹上烤制而成，现在不可能在家里和泥巴玩儿，再碰上一个三岁小孩子撒尿和泥，那就成「叫花童子鸡」了！所以我用发好的面皮包上鸡进行烤制，首先密封性很好，使得香气一点不会外漏，其次烤好的面皮也挺好吃，口感酥脆，里边那一层则是软的，有点新疆烤馕的效果，相当于连主食带菜都有了。

原料　　　（图1）

主料

小公鸡……………… 半只
　　　　　　　　（约350克）
新鲜的小公鸡最好。

辅料

发好的面团…………1块
干荷叶………………1张
荷叶要用干的，味道更好。

腌肉调料

黄酒……………	20克
蚝油……………	20克
生抽……………	20克
老抽……………	1克
盐………………	8克
白糖……………	5克
胡椒粉…………	2克
豆豉、葱姜……	各适量

图1

图2

图3

图4

图5

图6

图7

图8

图9

腌鸡

① 小碗内放入所有腌肉调料，混合成汁（图2），在鸡身上抹匀料汁，腌3小时以上，若时间允许可以腌一整晚（图3）。

* 鸡尽量要多腌些时间，调料要稍微重一些，因为在烤制的时候密封极严，鸡肉的水分不会变成热气跑掉，但会随着温度上升流出，继而冲走一些调料，味道会变淡。

包裹

② 干荷叶用开水烫软（图4），将腌好的鸡摆在荷叶上（图5），折叠包起来（图6）。

* 干荷叶比鲜荷叶香。一般来说都是干货香气更足，如香菇、笋干等。

③ 将发好的面团擀成大片，将荷叶鸡再次包起来备用（图7、图8）。

* 一定要用面把整个荷叶鸡包严了，不能有漏的地方，因此面片不要擀得太薄，不然容易破，但也不能太厚，那样的话把鸡烤熟需要很长时间。

烤制

④ 烤箱上下火各200℃预热约10分钟，在烤盘上刷层油，把裹好面的荷叶鸡放进烤箱，约烤70分钟即可（图9）。

* 各家烤箱不一样，所以烤制时间应依具体情况而定，这里是参考时间。注意宁可多烤一会儿也不能让烤的时间短了，因为密封性好，鸡肉本身又嫩，所以多烤一会儿鸡肉也不会变老。如果没烤熟就取出来打开，那么再放回去烤，鸡肉就变老了。

* 烤的过程中可以给面皮表面刷一层油，这样烤出来更加酥脆。如果感觉没烤多久面皮就快煳了，那么可以像烤面包一样，给它盖一层锡纸。

* 家里烤箱一般不是很大，所以一般烤半只鸡就好。若烤一整只鸡，不仅不容易放进去，烤制时间还会延长，效果并不好。如果打算尝试整鸡，建议去掉一些骨头多肉少的部分，比如脊背那一块，这样烧制起来会更容易一些。

灵活运用

腌肉调料可以"天马行空"，自由搭配，比如加腐乳、辣椒酱、咖喱、黄豆酱等。

蜂蜜麻香烤翅

香带咸甜，皮酥肉嫩，色彩红亮。

现在烤翅的味道分得极细，有微辣、极辣、变态辣等，其实不管多辣，最基本的味道就是花椒的麻香味、蜂蜜的甜香味以及香料的特殊香味。要想把这三者平衡起来，做出最和谐的味道，也是很不容易的。这里就介绍个家庭简易版吧！

做法

准备原料

① 鸡翅洗净，多控一会儿水，接着在鸡翅的背面划两刀，以便入味（图2）。

  * 鸡翅要多洗几遍，这样可以去掉一些腥味。为了保持美观，不要在正面划刀口，在背面划就完全可以入味了。

② 葱姜切片，洋葱切粗丝，大蒜拍松剁几刀。

  * 大蒜不用切太细，那样烤之前不好择出，留在鸡翅上烤出来就黑了。

腌鸡翅

③ 将所有腌肉调料和鸡翅混合在一起，搅拌均匀（图3），腌3小时左右。

  * 花椒很重要，要放够，而且要用品质好、香气足的。
  * 加上蜂蜜，烤完后会有浓浓的甜香味道。
  * 老抽起上色作用，但别放多了，否则容易烤黑。
  * 鸡翅尽量多腌一些时间，一整晚更好，能够更加入味。
  * 如果想让麻香味更浓厚，可以用之前讲到的花椒水泡鸡翅，这样更入味，等腌一阵子再捞出来，加其他腌料。

烤鸡翅

④ 烤箱上下火各180℃预热10分钟，将腌好的鸡翅揩净腌料后放在烤架上（图4），进烤箱烤15分钟（图5），然后烤箱调至上下火各200℃，把鸡翅取出来刷一层蜂蜜再烤5分钟即可（图6）。

  * 各家烤箱不一样，温度可以按情况灵活掌握，只要达到里边熟、皮呈焦红色的程度就行。开始时温度不能太高，不然皮焦了，肉还没有熟，最后再把温度调上去便可。
  * 烤的时候要放在烤箱中部，不用烤盘而用烤架，这样上下受热更均匀，也不会有汤汁泡着鸡翅，更不会粘皮，但是要在最下边放一张锡纸接着汤汁，不然烤箱很难清洗。
  * 如果蜂蜜太稠不好刷，可以舀出少许放进碗中，再倒一点点开水调匀。

原料 （图1）

主料	
鸡翅中	300 克

鸡翅中最合适，中等大小即可，太小无肉，太大肥腻。

腌肉调料	
花椒	8 克
香叶	5 片
蜂蜜	20 克
生抽	20 克
黄酒	20 克
老抽	适量
大蒜	一大头
洋葱和葱姜	各适量

灵活运用

以这个味道为基础，可以再增加一些自己喜欢的口味。比如喜欢吃孜然味或辣味的，那么在最后两三分钟的时候再放点孜然或辣椒烤一下就成了。

图1

图2

图3

图4

图5

图6

避风塘鸡翅

带浓郁的焦蒜气息和其他混合物的香气，
咸鲜微甜辣，鸡翅外皮酥香，内里软嫩。

柔和的暖阳透过窗棂，照在满是刀痕的柳木案板上，几只小碗中盛放着大蒜、豆豉、辣酱等，腌来腌去，炸来炸去，炒来炒去，随着时间的流逝，阳光照射下的杯盘影子慢慢变长，本是一堆毫无灵气的鸡翅，现在却披上金黄外衣，埋在同样呈金色的炸蒜中，努力地"摇摆"着，等待着被夸赞，然后心甘情愿被撕裂，如此周章，浴火重生，只为博那"始作俑者"嘴角流油一笑。想要炸出这一层金黄而不油腻的"黄金外衣"，有3个诀窍：油温高些、炸到微黄即可、炸完吸油。

 做法

准备原料

① 大蒜去皮绞碎，挤出一些蒜汁备用，其他蒜蓉用清水稍过一下，用纱布挤干些备用，青红椒、洋葱切末（图2）。

* 大蒜最好用机器绞碎，剁或者铡的效果都不好。

* 蒜蓉用水洗一下再炸，一是不容易煳，二是如果不洗炸出来会有些苦味，但不可洗太长时间，否则会把蒜味洗掉。

腌鸡翅

② 鸡翅洗净，用腌肉调料和挤出的蒜汁腌1小时后，放少许蛋黄抓匀，再放适量淀粉抓匀备用（图3）。

* 如果时间足够，可以多腌一会儿，更加入味。

原　料	（图1）
主料	
鸡翅	300 克
鸡翅尽量用小的，大的不容易入味。	
辅料	
面包糠	适量
青红椒	各适量
洋葱	适量
腌肉调料	
盐	4 克
胡椒粉	1 克
黄酒	6 克
其他调料	
大蒜	2 头
盐	1 克
豆豉	10 粒
广式辣椒酱	5 克
白糖	10 克
蛋黄	1 个
淀粉	适量
蒜要多些才能有蒜香味。	

图1

图2

图3

图4

图5

图6

图7

图8

图9

图10

炸蒜蓉

③ 锅中多倒些油，烧至五成热后下蒜蓉搅散（图4），小火炸至微黄色捞出（图5），放纸巾上吸油（图6）。

* 炸蒜蓉一定要小心，颜色略微发黄就要捞出来，因为出锅后还很热，颜色会变深一些。如果等颜色金黄再捞，那么放一会儿就变黑了。下面炸面包糠同理。

炸面包糠

④ 接着炸面包糠，转为中火炸至微黄色后，同样放在纸巾上吸油。

* 炸面包糠要用中火炸，油温过低，面包糠会吸太多油。捞出后要用纸巾多吸会儿油。

炸鸡翅

⑤ 用细笊捞出炸蒜蓉和面包糠的渣子，锅中剩下的油烧至七成热，放入腌好的鸡翅，中火炸5分钟左右，至表面金黄微酥盛出（图7）。

* 先炸蒜蓉，再炸面包糠，最后炸鸡翅，顺序不能乱，因为炸完蒜蓉后油有蒜味，再炸鸡翅，鸡翅就可以吸收更多的蒜香。

炒鸡翅

⑥ 锅中油倒出，留一点底油，中小火温油煸辣椒酱和豆豉，5秒左右，放青红椒、洋葱末，开大火炒出香气，再放盐和白糖炒开（图8）。

⑦ 将炸好的鸡翅放进锅中大火炒30秒（图9），再将炸好的蒜蓉和面包糠放进锅中炒30秒即可（图10）。

灵活运用

这个做法还适用于虾、排骨、螃蟹等食材，都需要先过油炸，这样才有干香的味道和口感。虽然麻烦，但是味道很棒！

食材笔记

有些饭店的避风塘鸡翅是蒜香鸡翅，蒜味特别浓郁，很可能不完全是蒜汁腌出来的。有一种调料叫蒜粉，属于添加剂的一种，蒜味特别大，用量也大，把鸡翅包起来腌几小时，的确非常入味，吃起来蒜香气格外浓烈。但是，添加剂对身体有害，还是在家用健康的食材及调料自行烹调吧。

香酥炸鸡锤

香气浓郁，外酥里嫩，金黄漂亮。

古老的，往往也是经典的，香酥炸鸡锤就是一道古老而经典的鲁菜。利用鸡翅根的形状做成锤子，裹面包糠炸酥了，又好玩又好吃。第一次给翅根「凹」造型会觉得很麻烦，但没有别的诀窍，只能按部就班慢慢做。做好直接吃很不错，也可以蘸沙拉酱、番茄酱等。

图1　图2　图3
图4　图5　图6
图7　图8　图9　图10

做法

准备原料

① 葱切片，姜切丝，用清水泡半小时得到葱姜水（图2）。

② 鸡翅根洗净，在细的一头关节处用刀转一圈将肉切开（图3），让骨头和肉分离，再顺着骨头往下撸，把肉翻过来，攥成团（图4），上边连着一根骨头，便是鸡锤（图5）。

* 做的时候要耐心，别使太大劲，把肉撕下来就做不出锤子的形状。

腌制鸡锤

③ 做好的鸡锤用盐、黄酒、胡椒粉、葱姜水、香油拌匀，腌半小时（图6）。

* 腌料的味道便是这道菜最终的味道，所以一定要放够，如果味道不够，便体现不出香味，还可能会有腥味。

* 如果用葱姜直接腌，味道不均匀，葱姜水效果更好。

裹面包糠

④ 面包糠倒盘中，鸡蛋打散（图7），鸡锤先蘸蛋液（图8），再蘸面包糠（图9），攥成团状便可以了（图10）。

炸鸡锤

⑤ 锅中多倒些油，烧至四五成热后下鸡锤，中小火炸七八分钟至表面金黄便可。炸完的鸡锤最好放在纸巾上，吸走多余的油。

* 鸡锤的肉比较厚，因此油温不能太高，那样表面的面包糠一下就焦了，可是鸡肉还没熟。以中小火炸一会儿，感觉鸡肉快熟了，再把火力开大些，让表面酥脆便可。

* 面包糠很容易煳，接触锅底的部分更是如此，所以在炸制过程中要稍微动一动鸡锤，别让某一个部位总是接触锅底；但也不能频繁地翻动，那样表面的面包糠容易掉下来。

灵活运用

这种裹面包糠再进行炸制的方法适用于很多食材，只要是脆嫩的肉类都可以，比如大虾、鱼片、里脊等。

香辣泡菜鸡杂

咸鲜香辣，鸡杂脆嫩之极，实为下饭一把好手！

特别不明白外国人为什么不爱吃内脏，除了鹅肝，好像他们就不吃别的了。内脏说好听了叫下水，说俗了就叫杂碎，听起来不顺耳，可吃起来是真顺嘴儿！无论是用猪下水做的卤煮，还是用羊下水做的羊杂汤，抑或是粤人的炖牛杂，想来就让人心颤！就连鸡鸭甚至是鸽子的下水，也是绝佳的美味，用来爆炒下酒，金不换！

做法

准备原料

① 鸡杂提前用清水泡半小时后去血水，鸡肝切0.4厘米厚片，鸡心切两半，鸡胗打花刀备用（图2）。

* 如果不会给鸡胗打花刀，切成稍微厚点的片也可。

* 鸡杂的比例可以按个人喜好调整，不用很平均，爱吃哪种就多放一些，其他则相应减少，但要保持总量不变，因为量太大，家里火力不够，炒出来不好吃。

② 泡椒斜切小段，泡姜和蒜切片备用（图3）。

* 如果有其他泡菜，比如泡萝卜，也可以加进来，味道更好。

原 料	（图1）
主料	
鸡心	100克
鸡胗	100克
鸡肝	100克
鸡杂尽量要新鲜的，冷冻的其次。	
调料	
泡椒	25克
泡姜	25克
酱油	10克
黄酒	10克
盐	1克
白糖	5克
干辣椒	6个
花椒	一小撮
蒜	2瓣
淀粉	适量

图1

图2

图3

图4

图5

图6

图7

图8

图9

③ 炒锅放一点点油，先放入花椒，用小火焙至快呈棕色时下干辣椒一起炒（图4），至棕红色时盛出凉凉，用刀铡碎备用（图5）。

* 花椒需要更长的时间才能炒出味道，所以要先下花椒后下干辣椒，记得炒至棕红色或者是深紫色就要赶紧盛出来，否则就煳了，或者再提前一些也可以。

第一次炒鸡杂

④ 炒锅倒入正常炒菜用油量，大火烧至七八成热，将鸡杂用黄酒、少许盐和淀粉抓匀下锅，大火炒至七八成熟盛出，约1分钟（图6）。

* 鸡杂的含水量特别大，所以要提前炒一下，炒出多余的水分和异味。如果等炒完泡椒后再炒鸡杂，由于油温低，火力跟不上，成菜口感就差了。

* 同样因鸡杂含水量大，所以要在临下锅的时候再腌，如果提前腌，一会儿就能出很多水，会冲淡调味，起不到腌的作用。

第二次炒鸡杂

⑤ 炒锅洗净，烧热，下适量油烧至五成热时，下泡椒、泡姜和蒜片，中火煸炒1分钟至出香气（图7）。

* 炒泡椒和泡姜的油温不能太高，要慢慢煸出香气。另外，这两种泡菜都很咸，放盐要谨慎。

⑥ 接着下鸡杂，大火煸炒（图8），放酱油、白糖和少许盐，炒至鸡杂全熟，最后放花椒、干辣椒碎，炒匀便可出锅（图9）。

* 因为鸡杂第一次没有完全炒熟，会有一些血水和油渗出，第二次炒鸡杂前要先把血水倒掉，以免影响菜品质量。

懒人炒招

如果想省些工夫，或者不喜欢吃辣的，可以不放泡椒，这样做起来就简单了：直接炒。哪怕只炒一次，也很好吃。

食材笔记

这道菜中的花椒和辣椒不是和主料一起炒，而是提前用热油炒制。这么做的目的是让香气完全激发出来。这种方法炒出来的辣椒铡碎后，在四川就叫作"刀口辣椒"。水煮牛肉的花椒和辣椒也是如此做法。

肆 鸡鸭嫩

家常酱の凤爪

味道咸鲜带些许甜，鸡爪脱骨软软烂烂。

鸡爪有一个特点是腥味较重，所以前期要焯水，后期再放些香料，不仅去腥，还能给鸡肉以额外的香气。不过，这里说的腥味重只是相对鸡胸、鸡腿而言，与牛羊肉相比，腥味还是轻很多，所以香料不能放太多，否则吃起来就只有香料味而没有鸡肉味。鸡爪的另一个特点是对火候要求不高，时间长些短些影响都不大，比如喜欢吃筋道的就少烧一会儿，但如果是做给老人吃，要软烂些，就得多烧一会儿了。

原料 （图1）

主料

鸡爪……………750克

鸡爪不用买太大的，小的味道会更好。

调料

酱油……………25克
冰糖……………25克
盐………………5克
黄酒……………20克
高度白酒…………适量
葱姜……………各适量
干辣椒……………1个

香料 （图2）

白芷……………2片
八角……………2个
香叶……………3小片
砂仁……………2个
甘草……………2片
花椒……………15粒

图1　图2　图3
图4　图5　图6
图7　图8

焯鸡爪

① 鸡爪洗净，去趾尖。冷水下锅，放少许葱姜和高度白酒（图3），烧开焯1分钟（图4），撇去浮沫，捞出备用。

* 鸡爪腥味略重，前期处理一是要注意冷水下锅，二是再放些高度白酒，这样腥味就会减少很多。

炒糖色

② 锅中放少许水和油，将冰糖放下去，中小火炒至红棕色（图5）。

* 如果不会炒糖色，用老抽也可以，尽管颜色差些，但对于味道影响不大。

烧鸡爪

③ 放入焯好的鸡爪大火炒几下，接着放葱姜、香料和干辣椒再炒几下，接着放酱油和黄酒炒出香气（图6），再放适量热水大火烧开（图7）。

* 糖色炒好后，再炒鸡爪等原料的时间不能太长，否则糖色煳了就会发苦。鸡爪炒上色后，就赶紧下酱油、黄酒、热水，动作一定要快。

* 水量差不多和鸡爪持平就可以了，水太少不入味，水太多耽误时间、不好收汁。

④ 放盐，加锅盖，小火焖40分钟左右，揭开锅盖，大火收汁，剩少许黏汤就可以出锅了（图8）。

*因为鸡爪胶质含量很高，所以最后收汁时一定要不停地翻炒，以免煳底。

灵活运用

这种做法比较适合鸡鸭，鸡腿、鸡翅或者整鸡剁块后都可以这么烹调，只是要根据食材大小略微调整一下炖制的时间。

肆　鸡鸭嫩

双椒酱焖鸭条

浓厚的酱香中带有清新的椒香，鸭肉软烂。

　　用鸭肉做的菜向来不太多，鸭肉比鸡肉老，爆炒口感一般不会太好。但想吃鸭子了怎么办呢？我自己琢磨了这么一个做法，做起来不太麻烦，而且味道不错，冷热都挺好吃。它的亮点是双椒的加入，注意一定要用少许油炒一下双椒，以激发其清香的气味。

准备原料

① 鸭腿去骨，带皮剁成 2 厘米宽的粗条，放 5 克黄酒和葱姜腌半小时（图1）。

　*鸭腿也可以不去骨，直接剁成块，但是之后要多焖一会儿。

　*腌的时候不用放盐，因为这个是焖，在焖的过程中会入味，如果放盐腌反倒会咸了。

② 青红尖椒去蒂，切 1 厘米见方的大粒，葱姜切片备用（图2）。

原　料

主料

鸭腿························ 2 个

　　　　　　　　（约 500 克）

鲜鸭腿最好，鸭胸其次。

辅料

青红尖椒·············· 各适量

调料

酱油·····················10 克

黄豆酱···················15 克

黄酒·····················15 克

盐························ 1 克

白糖······················ 5 克

葱姜···················· 各适量

图1

图2

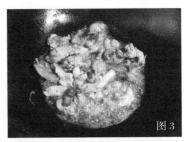

图3

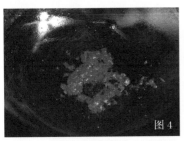

图4

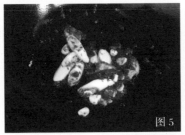

图5

图6

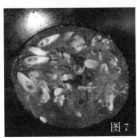

图7

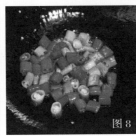

图8

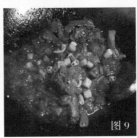

图9

图10

煎鸭条

③ 炒锅烧热，倒少许油烧至八成热，将鸭条放锅里，大火煎2分钟，翻面再煎2分钟，至表面微黄盛出（图3）。

* 煎鸭条的油一定要热，这样才能快速把两面都煎黄。

炒黄豆酱

④ 煎鸭油倒去一半，小火温油煸炒黄豆酱，炒10秒左右，至出香气（图4）。

* 鸭条煎完后会出很多油，炒黄豆酱的时候一定要倒出一些，否则油太大。

* 注意控制时间，一闻到酱香气就可以进行下一步，要不酱就会被炒煳。

⑤ 下葱姜片，中火煸炒一下（图5），紧接着下酱油大火爆香，再下黄酒（图6）。

* 酱油最好从锅四周下，这样能充分激发出香气。

焖制

⑥ 加热水，放盐和白糖搅拌均匀，放入鸭条，大火烧开，中小火烧25分钟左右（图7）。

* 焖鸭条的水量不要太多，刚刚浸过鸭条或者与鸭条持平就可以了，否则最后汤汁太多不好收汁，导致味道不够浓厚。

⑦ 焖制时间快到时，另取一个炒锅，倒少许油烧至八成热，将青红尖椒粒放下去，大火爆炒5秒左右，立刻出锅（图8）。

* 青红尖椒必须用热油炒一下，除了前面说到的激发香气的作用，还可以去掉生辣气。

⑧ 将炒好的青红尖椒倒进焖鸭的锅中搅匀（图9），大火把汁收干即成（图10）。

* 辣椒必须在最后收汁的时候放，不能早早就放进去，色香味都会受影响。

灵活运用

除了鸭肉，鸡肉也可以这样做，但是不用烧这么久，因为鸭肉比较韧，鸡肉却不然，烧15分钟就差不多了。

肆

鸡鸭嫩

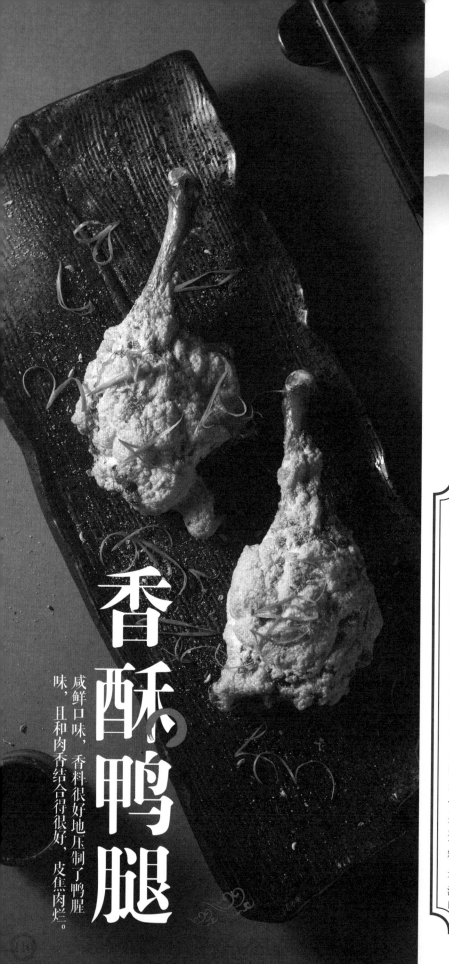

香酥鸭腿

咸鲜口味，香料很好地压制了鸭腥味，且和肉香结合得很好，皮焦肉烂。

小时候第一次吃香酥鸭，那是什么样的感觉？酥，表皮简直太酥！长大后了解到，这道山东名菜是把鸭子蒸熟后，用水将糯米粉调成浆状，抹在鸭子表面，再用热油炸成金黄酥脆。这道菜的口感确实非常好，但是在家中实在浪费，一锅炸完鸭子的油还能有多大用途呢？于是我在传统做法的基础上进行了改良，虽然最终的口感略有不同，但是一样酥脆，还省去了许多麻烦。

原料　（图1）

主料

鸭腿	2 个
	（约 500 克）

新鲜的鸭腿最好，冰冻的腥味重些。

腌肉调料

酱油	15 克
黄酒	15 克
盐	2 克
葱姜	各适量
花椒	20 粒
八角	3 粒
砂仁	5 个
香叶	3 片

其他调料

蛋清	1 份
糯米粉	8 克
老抽	几滴

没有糯米粉可以用淀粉，不过口感较差。

图1

图2

图3

图4

图5

图6

图7

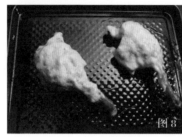
图8

图9

腌鸭腿

① 鸭腿洗净，择去表面细毛，用腌肉调料搓一会儿，腌五六小时，时间充裕就腌一整晚（图2）。

* 鸭肉腥味相对较大，且鸭腿肉厚，因此要多腌些时间，多"按摩"一会儿也是快速入味的好方法。

蒸鸭腿

② 腌好的鸭腿放蒸锅中，大火蒸1小时至酥烂（图3），关火揭盖稍凉一下。

* 鸭腿肉一定要大火蒸才会烂，不一定是1小时，蒸的过程中可以用筷子戳一下，看看软烂程度。

* 用高压锅蒸能够节省时间和燃气，但不够入味。

打蛋清糊

③ 烤箱上下火各230℃预热10分钟。1个鸡蛋取蛋清，点几滴老抽进去（图4），用筷子不停地搅打，直至完全打成小细沫（图5），放入糯米粉（图6），用手拌匀（图7），接着将蛋清糊抹在鸭腿上（图8）。

* 蛋清里点几滴老抽是帮助上色，这样烤制之后颜色更漂亮一些。

* 蛋清必须打发，让蛋清裹住尽量多的空气是制作酥皮的重点。打发的时候注意手法，糯米粉放进去后，要从下往上翻，这就是所谓的翻拌。拌匀就行，否则过犹不及，把泡沫打没了，酥的口感就出不来。而且动作要快，因为细沫会不停地破裂。如果用筷子搅打费劲，可以用打蛋器代替。

烤鸭腿

④ 抹好蛋清糊的鸭腿放入预热好的烤箱中烤15分钟左右，至表面焦黄即可（图9）。

* 烤盘里要刷油防粘，还可以在此基础上垫两小片薄菜叶再烤。

灵活运用

如果觉得只吃鸭腿不过瘾，可以用半只鸭子来做。要是觉得腌和蒸费时间、费燃气，就用卤的方法，先在卤水中把鸭子卤熟，然后烤或者炸都可以。

肆 鸡鸭嫩

生菜片鸭松

干净清爽，极美鲜香，先是生菜的清脆，接着是鸭松的干松。

鸭松可以说是被大多数煮夫厨娘们忽视的一道好菜。鸭肉的做法本就不及其他肉类繁多，因此每一种做法都称得上是经过推敲的经典。这道菜的关键就是炒出干松的感觉，所以无论是鸭肉还是冬笋等，都需要提前处理，然后才能正式炒。特别是鸭松，经过两次煸炒，腥气水汽尽散，干松至极，只留原始的鲜香。再佐以「粤菜三剑客」——蚝油、生抽、老抽的炮制，旺火急煸，「锅气」极其充足。最后用清脆水嫩的生菜卷食，伴一小碟海鲜酱，美哉！

原料 （图1）

主料

鸭腿	2 个

（约500克）

鸭腿有肥有瘦有皮，口感最棒，整鸭次之。

辅料

冬笋、马蹄、鲜菇…共100克

调料

生抽	15 克
蚝油	10 克
黄酒	15 克
胡椒粉	2 克
盐	1 克
姜蒜	各少许
老抽	几滴
蛋黄液	适量
香油	少许

图1　图2　图3
图4　图5　图6
图7　图8　图9　图10

准备原料

① 鸭腿去骨（图2），剁成米粒似的小颗粒。放1克盐、少许黄酒和蛋黄液抓匀（图3），姜蒜切末备用。

＊鸭肉最好是剁成粒，如果用绞肉的方式进行预处理，炒制后鸭肉会相互粘连，不够利索。

＊用少许蛋黄液抓一下会降低炒制时粘锅的概率，也可以使肉保持嫩度。

② 冬笋、马蹄和鲜菇切细粒（图4），焯一下（图5），倒细箩中挤干水分，在不放油的炒锅中大火煸炒1分钟去水汽（图6），然后盛出。

＊焯完水的这三样在锅中干煸时容易粘锅，所以要用铲子快速炒动。

炒鸭松

③ 锅内倒少许油，烧至六成热，鸭肉粒入锅，用中火快速炒散，然后开大火炒出水汽，约5分钟，然后挤出多余的水分和油（图7）。

＊在刚下生鸭肉的时候油温别太高，否则鸭松会很快粘在一起，用中火完全炒散了再开大火炒干。

＊炒完后倒进细箩中，用较大的勺子压出多余的水分和油。

④ 锅洗净，放少许油烧至七成热，下姜蒜末煸香（图8），放鸭松和冬笋、马蹄、鲜菇粒大火炒开，再下黄酒用中火炒至没有什么水汽冒出（图9）。

＊炒到最后要看是否还有白色的水汽冒出，如果没有就差不多了，太干了也不好吃。

⑤ 然后放生抽、蚝油、胡椒粉，点几滴老抽，中火炒2分钟（图10），最后点少许香油出锅。食用时可以用洗净的生菜叶卷着吃，或蘸酱吃。

灵活运用

这种做法各种肉类都适用，例如广东菜里有名的鸽松、虾松等。但食材不同，炒制的过程也有些许差别，比如虾松和鸽松非常嫩，就不能炒太长时间，且需要大火。总之，因材施"火"吧！

肆　鸡鸭嫩

第五章

鱼虾美

要说世上最鲜为何物，
非海货河鲜莫属。
那与众不同的鲜香之气，
那晶莹剔透的玲珑之体，
让人在大饱口福的同时也过足了眼瘾

但是，鱼、虾、蟹等海货河鲜的烹制极考验烹制功力和火候，

多一分必过，少一分又不足，

千万要小心了！

豆瓣鱼

豆瓣味浓郁，鱼肉极鲜嫩，却尝不出半点腥气，只有无法形容的鲜香。

豆瓣鱼是用先煎后烧的方法做出来的，其色泽红亮，相似的还有一道更有名的干烧鱼（见《够味儿》第40页），就连所用调料也相差不大。不过，二者还是有区别的。干烧鱼最后需要把汁收干，不用淀粉勾薄芡，成菜有一丝焦香之气；豆瓣鱼最后不用大火把汁收干，而是用淀粉来勾薄芡，使鱼肉更嫩滑，豆瓣味更浓郁。另外，葱姜蒜末在豆瓣鱼中的用处也非常大，切成末来烧味道更浓郁，如果这三样放少了，那么就差之远矣。因此无论是做还是吃，两者都有不小的差距，认为两者差不多的朋友不如就从多多练习这两道菜做起。

（见《够味儿》第40页）

原料 （图1）

主料

鲜鲫鱼…………… 500 克

最好用薄一些的鱼，更容易入味。首选是鲫鱼，虽然刺多，但味道鲜美。不能选太大的鱼，如果人多可以多做几条。其次可以选鲤鱼或武昌鱼。

调料

郫县豆瓣	30 克
酱油	10 克
黄酒	15 克
醋	10 克
白糖	10 克
葱姜蒜	各20克
胡椒粉、淀粉	各适量

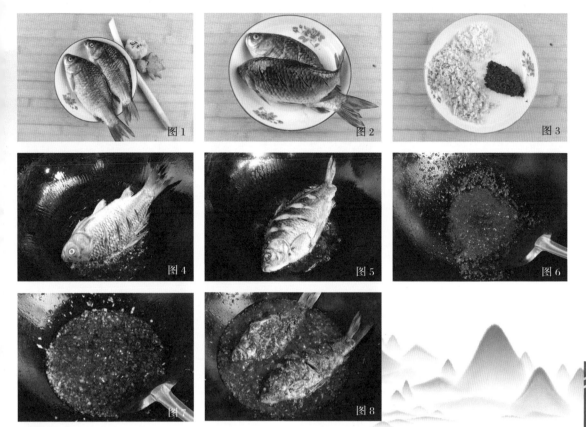

图1　图2　图3　图4　图5　图6　图7　图8

准备原料

① 鲫鱼整治干净，在两面各轻划三四刀，用少许胡椒粉和黄酒抹一下备用（图2）。

　*在鱼身上划刀口的时候不要用力，把表面轻轻划开就可以，若划得太深，在烧的过程中鱼身容易断。

② 葱姜蒜切细末，郫县豆瓣剁细备用（图3）。

　*这道菜葱姜蒜要多些才能体现风味，如果你喜欢更辣些，可以再放些尖椒末。

煎鱼

③ 炒锅烧热，倒少许油，烧至八成热，把鱼放下去用大火将两面煎黄（图4、图5），盛出。

　*要提前把锅烧热后用油涮一下，让油在锅中多转转，然后泡一会儿，能够更好地避免粘锅。

　*鱼刚煎的时候不要动，防止鱼皮破裂，等过一会儿定型了再动，一定要用平铲来铲动鱼身。

炒酱料

④ 将煎鱼油倒掉，放些新油，油量比平时炒菜稍多些，小火温油炒郫县豆瓣，直至酥香出红油（图6）。接着放葱姜蒜末，以中大火煸香，约10秒（图7），再下酱油和黄酒大火爆香。

　*煎过鱼的油不仅有腥味，长时间高温加热还容易产生毒素，所以一定要换新油。

　*炒豆瓣酱时油一定要多放一些，不然会炒糊。

　*放葱姜蒜前要开大火，因为量比较多，火力不够则炒不出香气，但要注意别把豆瓣酱炒糊！

烧鱼

⑤ 倒适量热水，放白糖，烧开后将鱼放入（图8），再次烧开后转小火烧5分钟，翻面再烧5分钟，把鱼盛到盘里，锅中的汁勾薄芡后放醋，最后浇到鱼身上即可。

　*烧鱼这一步加水不能没过鱼，到鱼鳍就差不多了，否则汁太多会使味道变淡。

　*汤汁勾芡不能太浓，稍微有些稠度，能挂在鱼上即可。

　*醋一定要最后放，这样才有提鲜、增添风味的效果。

　*豆瓣、酱油都比较咸，建议就不再放盐了。

罗氏麻辣烤鱼

香料和麻辣味道结合得天衣无缝，极香！ 鱼肉极嫩！

做鱼的"门派"无数，最有名的便是六大派——清蒸、红烧、麻辣、干炸、垮炖、生食，其中又以生食和麻辣为著。生食传自东瀛，麻辣来自蜀地，前者曲高和寡，乃贵人之食；后者价廉亲民，因此尤受大众喜爱，传遍九州。

准备原料

① 将乌江鱼从背鳍部开刀（图2），割断鱼刺，完全片开，鱼头也劈开，取出内脏和鳃，洗净（图3）。将鱼合上，在两面轻轻划几刀，用腌鱼调料抹匀并腌制1小时左右（图4）。

* 如果嫌麻烦，可以在买鱼时让商家帮忙宰杀，回家后再把鱼洗净进行腌制。

② 干辣椒剪小段，去籽，用温水泡上。干二荆条辣椒去籽，用温水泡软后，与郫县豆瓣一起剁到极细。香葱切段，姜切末，青笋切条，莲藕切片，再切少许葱段和姜片（图5）。

制作麻辣炒料

③ 炒锅倒入油，中火烧至四成热。下剁细的郫县豆瓣和二荆条辣椒，小火慢炒5分钟，至出红油（图6），保持小火，接着放永川豆豉、醪糟、冰糖、黄酒、葱段和姜片炒5分钟（图7），再放入麻椒和盐炒5分钟，最后放香料粉炒5分钟，即可关火（图8）。

* 炒料用牛油最香，如果方便，可以买块牛肥肉自己炼一些油来炒料。

* 炒料过程应严格按顺序和时间来，而且要不停地铲动，否则会煳底。炒料可以说是烤鱼中最重要的一环，料炒好了，成菜的味道就有保证了。

* 郫县豆瓣有咸味，盐可以少放一些。

* 放香料粉的时候最好一小撮一小撮地放，放完后炒一炒，看看香味够不够，不够再加。对于香料粉的量，可以依个人喜好自行调整。不过，因为香料磨成粉后香味特别浓，千万不要一下放一大把进去，否则会把红油弄得混浊不清。切记，味道够了就行。

烤鱼

④ 烤箱上下火210℃预热10分钟，在腌好的鱼两面刷一下油，将鱼放在烤架上，入烤箱烤20分钟左右（图9），至表面金黄（图10），随后放进大盘中。

* 要用烤架烤鱼，不要用烤盘，因为烤盘会存留汤汁，使鱼没有焦香气。

* 用烤架烤鱼时，会有汤汁和油滴落，最好在下面的托盘中垫张锡纸接着。

* 在烤鱼的最后5分钟可以加一些孜然粒，提提味道。

* 鱼的大小不一样，烤的时间自然不同，如果拿不准烤制时间，可以用牙签扎扎鱼身，如果能够轻松扎透，就是熟了。

* 这个菜一定要用统筹方法才好，那就是先把鱼烤上，然后利用等待的20分钟炒料，这样等鱼烤好，料也炒好，接下来就方便了。

浇汁

⑤ 将莲藕和青笋用水焯一下或者直接用油炒一下放在烤鱼旁边。

⑥ 将炒好的麻辣炒料中的红油盛出一些倒入锅中烧热（图11），放入泡过水的干辣椒段，用中火煸炒至出香气、颜色变暗红，将剩余的麻辣炒料一起倒入，放香葱段和姜末，再放一点热水，大火炒半分钟（图12），最后将麻辣炒料汁直接浇在烤鱼和蔬菜上就成了。

* 泡过的干辣椒在用油炒的时候会有一个由红变浅黄、再变棕色的过程，是正常现象，不必担心，最后辣椒变成棕色就可以出锅了。

 原料 （图1）

主料

乌江鱼 …………… 1000克

最好选用脂肪含量高的鱼，如乌江鱼、鲇鱼、江团等，烤出来口感好、香气足；其次选草鱼、鲤鱼等。

辅料

青笋、莲藕 ……… 各适量

腌鱼调料

黄酒 …………………15克

盐 …………………… 3克

花椒 …………………20粒

胡椒粉、葱姜 …… 各适量

麻辣炒料

郫县豆瓣 ……………50克

干二荆条辣椒 ………15克

麻椒 …………………10克

永川豆豉 …………… 8克

醪糟 …………………20克

冰糖 …………………10克

黄酒 …………………10克

盐 …………………… 1克

油 ………………… 180克

葱姜 ……………… 各适量

香料粉

见本书第15页"自制麻辣炒料专用香料粉"。

其他调料

干辣椒 ………………30克

香葱、姜 ………… 各适量

孜然粒 …………… 适量

图1 图2 图3 图4 图5 图6 图7 图8 图9 图10 图11 图12

烤箱的另一个用途

西餐的厨房里都有一个用来热盘子的温箱，这个设置非常好。热盘子最大的作用就是能让菜的温度下降得慢一些。对于中餐来说，很多热菜都是在出锅后2分钟之内最好吃，过了这2分钟，随着温度不断降低，菜的味道和口感也会慢慢变差。为什么我们总是说"趁热吃"，其实就是这个道理。

菜品出锅后直接放进冰冷的盘子里，由于冷热交替，热量瞬间被大量吸收，品质就会下降得非常快。因此，我在家中做菜的时候通常会把盘子烫一下，或提前打开烤箱，把温度调到60~70℃，把要用的盘子放进去预热，这样就能让菜的品质多保持一会儿。要是你家里已经置备了烤箱，不妨也试试看。

食材笔记

炒料，也就是炒制的麻辣酱料。对于很多烤鱼店、麻辣香锅店、重庆火锅店，甚至麻辣烫店等川菜馆来说，炒料就是他们的"王牌"。炒料中的香料如何组合、辣椒和花椒等调料的品质，就决定了一家店的主打菜的味道。炒料如此重要，以至于厨师行业中有一些人专门研究它，开发不同的味道，谓之"炒料师"。每位炒料师都有自己的独门配方，这道罗氏麻辣烤鱼中的炒料是从我自己的一个配方中精简出来的（原方的香料比这里给出的量要多1倍！），我有自信它的味道绝对不输一般的店。无辣不欢的朋友，不妨也做一回麻辣炒料师！

姜汁浸鳜鱼

清新爽辣，姜汁和豉油的味道完美结合，鱼肉很鲜嫩。

鳜鱼谐音「贵余」，有富贵有余之意，选材中有鳜鱼的菜自然带着吉祥的意味。鳜鱼的肉细嫩白净，刺少，很适合片成鱼片，而且鳜鱼腥味不重，特别适合清蒸或者过水这类做法，因此就有了这道姜汁浸鳜鱼。一勺冒着微烟的清油浇下，渗入每一个缝隙，瞬间激出千缕白汽，绿的葱、黄的姜、红的椒，愈发鲜艳诱人。；清油继续行进，越过雪白的鱼肉，注入酱汁中，形成一个个大小不同的油圈圈，让清爽的酱汁变得灵动起来。看着漂在酱汁上的油圈，似纯净蔚蓝天空中的朵朵白云，又似人生中一个个圆满的结局！

原 料 （图1）

主料

鳜鱼…………… 1000 克

如有条件的话，买鲜活的鳜鱼现宰现做味道最好。

调料

姜蒜、香葱、小米椒、盐、白糖、蒸鱼豉油、黄酒…………… 各适量

蛋清…………… 少许

姜蒜比例为 3：1，小米椒有两三个足够，如喜辣可多放小米椒，同时姜也要多些。其他调料相对来说比较随意，所以没有给出具体分量。

图 1

图 2
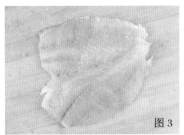
图 3

图 4

图 5
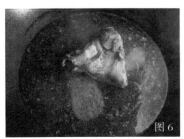
图 6
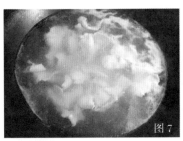
图 7
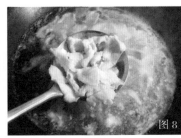
图 8

 做法

准备原料

① 姜蒜和小米椒切成细末（图2）。鳜鱼去骨取肉（图3），片成薄薄的鱼片，用少许盐和黄酒抓匀腌一会儿，最后用蛋清调匀备用（图4）。

*鳜鱼的背鳍非常锋利，且有毒素，一定要小心别被扎到。取完肉的鱼留头尾，用于成菜的摆盘装饰。

调姜汁

② 将姜蒜、小米椒末全部放于碗中，放适量白开水和蒸鱼豉油，再放少许盐和白糖，搅拌均匀，泡2小时即可（图5）。

*加水量不能太大，刚好能够把细末调开就行。蒸鱼豉油不能放太多，因为最后要浇在鱼片上，放太多鱼片容易发黑。而稍微放些盐和白糖可以弥补蒸鱼豉油较少造成的味道不足，但也应注意别放多了。

焯鱼片

③ 锅中加水烧开，将鱼头和鱼尾焯熟后摆入盘中（图6），待水再次开后，改中小火，将鱼片依次散放于锅中，再开中大火焯熟（图7），捞出（图8），放于盘中，浇上调好的姜汁，撒香葱粒，用热油浇一下，出香气便可食用了。

*焯鱼片的水要多些，这样能让鱼片很快成熟而不会变老。如果水太少，鱼片下锅后水温会急速下降，鱼片受热时间过长，口感会变柴。

*不能把鱼片一大团地扔进锅里后通过搅拌让它们散开，然后再搅拌，那样鱼片容易烂，而且其表面的蛋清也会在搅拌过程中脱落，导致鱼变柴。下鱼片时，要夹两三片分散地快速放入锅中，动作一定要快，否则，最先下锅的鱼肉到最后就老了。

*焯鱼片还要特别注意火力的控制。水开后调中火，保持水面微开，迅速地下入鱼片。不能用滚水焯鱼片，否则鱼肉易碎成小块、变老。在锅里的水微开的状态下迅速下完鱼片，此时水温下降，须及时调节火力，把火开大，这样才能令鱼肉保持鲜嫩的口感。

*鱼片出锅装盘后，浇姜汁、撒葱粒，接着一定要用热油把味道烫出来。油量须充足，一方面激发各种调料的味道，另一方面也能够让整道菜的口感更加嫩滑。

更上一层楼

有些朋友想用"蒸"的方法代替"焯"，这样虽也可以，但是蒸过的鱼片很容易粘在一起，而且时间不好控制，往往会把鱼片蒸老，影响整道菜的口感。因此，"蒸"是下策。焯水是较为省事的办法，属于中策。如果条件允许，不妨用温油把鱼肉滑熟，这样做能得到最好的口感，是上策。

糟熘鱼片

糟香醉人，鲜笋清脆，鱼片极其鲜嫩。

洁白剔透的鱼片就如同冬季阳光照耀下的纯洁白雪，糟卤深邃的香气若隐若现，如同埋藏在白雪之下的宝藏，让人捉摸不透、无从下手，一道有深意、清爽利口的好菜奉上！

如此幼嫩的鱼片，从选材到腌制，再到滑油，以至最后的烹炒，每一个环节都很重要，都不可或缺，任何一个环节出了问题，都会前功尽弃。为了吃到那极鲜极嫩的美味，拿出百分之百的注意力吧！

原料 （图1）

主料

黑鱼……………………… 700 克

（净肉约 200 克）

首先要用鲜鱼，其次鱼的刺要少，最好是肉厚质嫩的鱼，黑鱼是首选。

辅料

春笋、豌豆……… 各适量

如没有春笋，用冬笋亦可。

腌鱼调料

黄酒……………………… 5 克

盐………………………… 1 克

蛋清、淀粉……… 各少许

其他调料

糟卤……………………… 25 克

黄酒……………………… 5 克

白糖……………………… 3 克

盐………………………… 1 克

胡椒粉………………… 少许

图1 图2 图3 图4 图5 图6 图7 图8

准备原料

① 鱼洗净，沿脊骨两边把鱼肉片下来，去皮，片成0.5厘米厚的鱼片，用腌鱼调料抓匀，腌好备用（图2）。

　*腌鱼片时要先放盐和黄酒抓匀，再放蛋清和淀粉抓匀，按顺序来。

② 春笋去皮，中间剖开，切成"梳子片"，鲜豌豆去壳（图3），用开水焯一下捞出备用（图4）。

　*春笋皮厚，要多剥去几层，不然嚼不动。

　*不必久焯，开水锅中过一下便可。

鱼片滑油

③ 炒锅中多倒些油，烧至五成热左右，下入鱼片（图5），中火慢慢滑至表面全白即可捞出（图6），滗油备用。

　*鱼片要用温油慢慢滑熟才滑嫩，如果油温高了鱼肉会变柴，鱼片下锅后看到有小气泡冒出来最合适，如果没有小气泡冒出，就要把火开大些。

　*翻动鱼片时，要用铲子抄底，然后慢慢向上抬起，小心拨散，不要来回搅动，否则鱼片就全碎了。

　*滑鱼片要用新油，如果是烹调过其他食材的油，其中难免有食物残留，会导致洁白的鱼片上全是黑点。

烧鱼片

④ 将油倒出，无须洗锅，直接在锅中倒入糟卤和清水，比例是1∶1左右，再放盐、白糖、胡椒粉，烧开后放入鱼片、春笋和豌豆，中小火略烧半分钟（图7），最后勾芡点明油即可出锅（图8）。

　*这道菜追求的视觉效果是洁白剔透的，所以一定要保持炒锅干净，不能有黑渣子。

　*糟卤品质不一，有的咸，有的淡，在烹饪之前一定要尝尝咸淡，然后再决定盐的用量。

　*汤汁中下主料和辅料再次烧开后就要转中火了，用大火会导致鱼肉变老。切记烧的时候不可来回拨拉，否则鱼肉会碎，轻轻晃晃锅就可以。

　*勾芡时要注意，芡汁不要太浓，可以有些许汤汁，但要保证食材必须挂上汁。这就是所谓的"琉璃芡"，透亮又挂味。

伍　鱼虾美

酸菜鱼

汤酸香,鱼片又白又嫩,酸菜爽口。

酸菜鱼可以说是全国人民都喜欢的一道菜,做起来不难,成菜也很快。需要注意的是,酸菜丝特别吸水,煮一会儿锅里的水就少得厉害,如果前期水放少了,之后你会发现最后烫鱼片时就没什么汤了,这时再加水,菜的味道就会变淡。另外,最后出锅时只用一半酸菜垫底就可以了,如果全放进盆里,就会「鸠占鹊巢」,导致鱼片无处安身了。

 原 料　　(图1、图2)

主料

草鱼·················1000 克

最好选用肉多刺少的鱼,黑鱼是首选。草鱼和鲤鱼也可以,只不过刺会多些,但这两种鱼的肉质比黑鱼更嫩。

辅料

四川酸菜············· 400 克

酸菜最好用四川酸菜,而不是东北酸菜。

腌鱼调料

盐·····················1 克

黄酒····················5 克

蛋清、干淀粉······各少许

其他调料

胡椒粉·················5 克

盐·····················2 克

花椒·················适量

姜蒜·················各适量

如果你喜欢吃辣,还可以加一些泡辣椒或泡姜之类的泡菜。

图1

图2

图3

图4

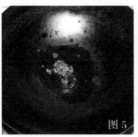

图5

图6

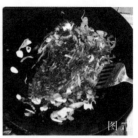

图7

图8

图9

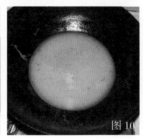

图10

图11

准备原料

① 鱼整治干净，贴着脊骨将两面鱼肉片下来，去皮，肉斜片为薄片，用腌鱼调料抓匀，腌20分钟。鱼头劈开，鱼骨剁小块，洒少许黄酒抓一下（图3）。

＊如果不会去鱼皮，留着也无妨。

② 酸菜稍洗一下，顶刀切细丝。姜切大片、蒜切厚片备用（图4）。

＊酸菜要稍微洗一下，但别洗得太细，否则酸香气会跑掉，切细丝可以使味道释放得更充分。

炒调料

③ 炒锅中倒入适量油，放花椒，用大火烧热（图5），接着放姜蒜爆香（图6）。

＊油要多一些，比平常炒菜多1倍，后面还要炒酸菜，如果油少了香气出不来。

④ 将酸菜丝放进锅里，开大火猛炒出酸香，约1分钟（图7），倒入充足的热水，大火烧开，煮3分钟（图8）。

＊酸菜一定要用大火、热油才能爆炒出香气；一定要加热开水，不能倒凉水。

炖鱼

⑤ 将鱼头和鱼骨放入锅中，加锅盖，大火煮五六分钟，至汤有些混浊发白（图9）。

＊一定要用大火熬鱼骨，味道才浓厚，汤色才会变白。

⑥ 将锅中的酸菜、鱼头和鱼骨捞出，放大碗中垫底，锅中只剩汤（图10），放盐和胡椒粉再次烧开，将鱼片快速放进锅中，开中火，用热汤把鱼片浸熟（图11），连汤带鱼片一起倒进大碗中即可。

＊这一步中，加胡椒粉非常重要，一定要多放，可起提香去腥的作用。

＊放鱼片的时候不能一把全扔下去，要分散着放，否则鱼片会黏成一团。

＊鱼片下锅后火不能开太大，要让汤保持即将沸腾的温度把鱼片浸熟，这样鱼片才会滑嫩。

食材笔记

现在市场上的酸菜往往是还没有腌够时间就开卖，味道一般都很淡，所以做这道菜的时候酸菜的量要大一些，这样酸香味道才浓厚。如果酸菜的酸度不够，还可以加些白醋。但如果是用家腌制的陈年老酸菜，那么一半用量就够了。

伍 鱼虾美

火光明亮，热气蒸腾，鱼头躺在满是汤汁的铁锅中，黏稠的汤汁咕嘟嘟地冒出红亮的水泡，争先恐后地冲撞着鱼头，掀开锅盖，在接触空气的一刹那，水泡破碎，鱼肉似乎随时有被撞碎的危险。水泡破碎，溅起微小的水珠，鱼的鲜味也由此释放出来，微酸甜的气息掺杂着鲜活的生气，柔柔地占据鼻腔每一个角落……

这便是所谓的「垮炖」之法，是一种非常健康的烹调方法，食材无须过油，直接下锅炖，既环保又美味。注意，炖制的时间要足够长，火不能太小，这样鱼肉才鲜嫩。

鱼头泡饼

此许醋香伴随着柔和的酱香，鱼头极软烂

原　料　　　　（图1）

主料

鱼头……………… 1000 克
一定要用新鲜胖头鱼的鱼头，个头大，肉多，其他鱼头太小、无肉。

调料

啤酒………………	600 毫升
酱油………………	40 克
米醋………………	70 克
黄豆酱……………	20 克
白糖………………	25 克
盐…………………	2 克
葱姜蒜……………	各适量
八角………………	3 个
桂皮………………	一小块

图1

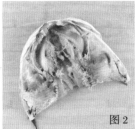
图2

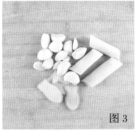
图3

图4

图5

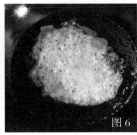
图6

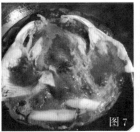
图7

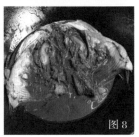
图8

做法

准备原料

① 将鱼头洗净，鳃部朝上，用刀劈开，按平备用（图2）。葱切段、姜切大片、蒜切两半备用（图3）。

* 鱼头一定要把鳃部和身体连接处的内腔洗干净，以没有血渗出为好。

* 鱼头比较大，骨头较硬，用一把厚点的刀来劈，太薄的刀容易导致卷刃，劈的时候注意不要受伤！

* 饭店里炖好的鱼头都是下面朝上，应该是出锅的时候翻了一下，家里无所谓，好吃就行。如果想要造型，那么炖好后先把汤汁滗出来，然后用盘子扣在鱼头上，用手按着盘子在水池上方把锅一翻就可以了。在水池上方翻，可以避免翻的时候汤汁流到你的身上。

爆香酱料

② 炒锅内倒适量油，大火烧至七八成热，先下姜蒜炸一下（图4），接着下八角和桂皮，倒酱油和米醋爆香（图5），再倒一瓶啤酒，放黄豆酱、白糖和盐烧开（图6）。

* 调料放得比较多，因为鱼头是生的，没有过油，如果调料太少盖不住腥味，喜欢辣的可以加几根干辣椒一起炖。

* 啤酒起去腥提香的作用，比单纯的清水要好一些。如果没有啤酒，放清水也可以，但要加一些黄酒，再多放一点醋，以保持整体味道的平衡。

* 这道菜吃的时候会有少许醋香，但不能吃出酸的味道。放醋主要起去腥的作用，由于各种醋不太一样，请按不同醋的酸度来放。

* 放醋之后一定要放白糖，否则味道会比较尖锐，但是白糖的量也有讲究，除了中和醋的酸，就是让汤汁的味道浓厚，但吃鱼的时候不能吃出太多甜味。

炖制

③ 把鱼头放入汤汁中，放葱段，大火烧开（图7），转中小火，加锅盖烧40分钟至1小时，汤汁变得黏稠即可（图8）。

* 炖鱼的时间一定要够，最少40分钟，1小时更好，炖到最后会发现汤汁变黏稠了，一是因为汤变少了，二是鱼头有胶质，一般这时候就差不多了。

* 火力很重要，火不能太小，要让汤保持沸腾的状态，但又不能开得太猛，否则鱼皮容易破，所以要用偏小一点的中火。

* 炖鱼的前半小时不要揭开锅盖，不然会影响味道。炖够半小时后可以揭开锅盖用勺子舀汤汁多浇几次表面没有被汤汁炖到的地方，以便整体入味。

* 最后注意，汤汁要多留一些，因为还得泡饼呢！

食材笔记

胖头鱼属于鲢鱼的一种，学名叫作花鲢，还有一种叫作白鲢。鲢鱼肉非常细嫩，但是细刺极多，吃起来相当麻烦。相对来说，花鲢比白鲢刺少些，且鱼头比白鲢的大一些，所以，要吃鱼头，花鲢鱼也就是胖头鱼是不二之选。另外，为了获得最新鲜的食材，一定要让鱼贩子当面宰杀活鱼。因为如今吃鲢鱼多只吃鱼头，鱼身不好处理，一般来说，鱼贩切下鱼头时都会带一截鱼身。你可以切下鱼身单独做菜，如红烧鲢鱼等。如果你不想要鱼身，就可以让鱼贩只切鱼头，但由于剩下的鱼身不好卖，这时鱼头的要价会高些。

油焖大虾

味道咸甜，鲜香醇厚，葱姜丝的加入让整道菜的
香气更加丰厚。

油焖大虾是山东名菜之一。只需挑选上好的食材，配合几样
简单的调料就可以做出醇厚无比的味道。

原　料	（图1）
主料	
大虾……………	500 克
带壳大虾最好，挑选时以皮硬脆的为好，皮软烂者其次。	
调料	
酱油…………	10 克
黄酒…………	30 克
盐……………	2 克
白糖…………	20 克
葱姜…………	各适量
胡椒粉………	少许
醋……………	几滴

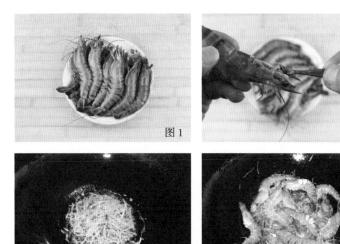

图1

图2

图3

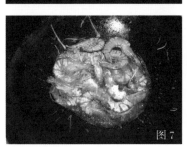

图4

图5

图6

图7

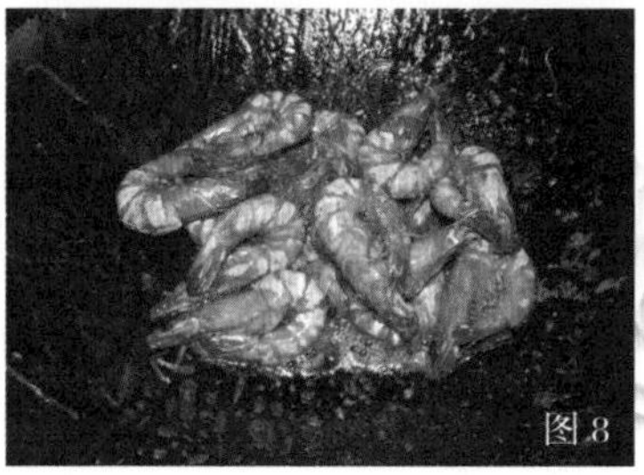

图8

准备原料

① 大虾洗净，去虾足、虾须、虾枪、挑出"沙包"，去虾线备用（图2）。

 * 分步图解详见本书第132~133页。

 * 一定要洗净大虾后再整治，如果剪开虾枪后再清洗，会把虾头中的部分虾油洗掉。

 * 大虾最好提前整治，整治完多控控水，令其表皮干爽，以免大虾下锅时油星迸溅。

② 葱姜均切细丝备用（图3）。

 * 这道菜中葱丝很重要，葱量要稍微多一些。

煎大虾

③ 炒锅中放适量油，烧至七成热，放入姜丝，用大火略炒一下（图4）。接着放入大虾，转中火将大虾两面煎红（图5），约2分钟后放一半葱丝，加黄酒爆香（图6），再放酱油继续炒几下。

 * 煎大虾之前放姜丝，可以借姜的味道去掉一部分虾的腥气。姜丝炒两下便放虾，不可多炒。

 * 虾刚入锅的时候可以盖上盖子，以免油星迸溅，造成烫伤。

 * 黄酒不能少放，这道菜所用调料不多，黄酒非常关键。

烧大虾

④ 锅中加盐、白糖、胡椒粉、醋，倒少许热水，中火烧1分钟（图7），大虾翻面再烧1分钟，最后开大火放另一半葱丝，收汁即可（图8）。

 * 烧虾的时候要用铲子多按压虾头，以使其中的虾油流出，这样味道好且颜色更红亮。

 * 烧虾时水不要多放，有一点即可，因为只烧两三分钟就要收汁，如果水放多了，汁收不完，味道会变淡。

 * 虾的完全成熟以是否完全卷曲为准，如完全卷曲，虾就熟了。

更上一层楼

　　这道菜中食材的品质非常关键，最好能买到渤海大对虾，其肉嫩油多，做出来无论是色还是味，皆为一流。但是大对虾价格很高，而一般的虾都是人工养殖的，虾油极少，做出来的油焖大虾品质会大打折扣。有一种方法可以弥补此缺憾——用几两小河虾自制虾油。具体做法是保持五六成热的油温，用中小火炸虾，5分钟左右，用炸小河虾得到的油烹制油焖大虾。虽然烦琐，但是成菜味道确实更为鲜香，而且还多了一道下酒菜——椒盐小河虾。大家不妨一试！

伍 鱼虾美

带壳整虾的处理
和虾仁脆弹的秘诀

有时候做虾无须去皮，比如油焖大虾、番茄烧大虾、干煎大虾等，但仍需要把虾线去掉，挑出虾头中的"沙包"，还要剪去虾枪、虾足等。下面我们就来一起处理带壳整虾。

如何挑出带壳虾的虾线

①从虾头往后数，在第一个关节处用牙签扎进去，把虾线挑断（图1）。
②在虾尾附近最后一个关节处将牙签扎进去，把虾线挑断（图2）。
③用手把虾线拉出来（图3）。

去虾枪、"沙包"

"沙包"是虾头中的垃圾，喜欢吃虾头的朋友一定要把"沙包"挑出来，不然吃的时候会有苦味，而且对身体也不好。
①剪刀与虾头平行，逆着虾头的方向把虾枪剪掉。即使不去"沙包"，也要剪虾枪，以免食用时造成危险（图4）。
②虾枪尾部贴近虾头处会留下一个开口（图5），将牙签伸进小口子里，找到"沙包"（图6），然后挑出（图7）。"沙包"是一个近似三角形的囊状物体，挑出来后就可以放心地吃虾头了。

去虾须、虾足

①用剪刀剪去虾头前边的尖锐部分，以防吃的时候扎嘴（图8）。
②再把虾拉直，用剪刀平行地剪掉虾足（图9）。
③经整治的带壳虾（图10）烹饪后吃起来非常方便。

让虾仁脆弹的秘诀

我们在饭店吃虾的时候总是感叹其虾仁又脆又弹，口感上佳，殊不知，这种吃起来口感极好的虾仁几乎都是用碱水泡过或用小苏打腌过的，经常吃对健康不利，所以我一直在寻找更健康的办法。最后，我借鉴了淮扬师傅的方法，在这里分享给大家。
①虾仁去虾线后，按500克净虾仁放15克盐的比例加盐调匀（图11），然后用双手轻轻地搓15~20分钟，封起来放在冰箱冷藏室中静置8小时左右。注意，冷藏而不是冷冻！
②要使用时，提前把虾仁洗净，去除盐分，用清水淘洗几次后，以特别细小的水流冲虾仁半小时左右即可（图12）。

注意

◎一定要先把盐和虾仁调匀，再用双手的手掌搓，注意先把指甲剪短，否则容易划烂虾。
◎搓虾仁的过程中会出现一些特别细腻的小沫子，这是正常现象，说明盐的比例是正确的。
◎虾仁从冰箱中取出后冲水是非常重要的一个环节，因为虾仁用盐搓了很久，又在冰箱中腌了很久，咸味已经进入虾仁中，如果只是简单地淘洗几遍，不足以去除多余的盐分，所以在淘洗几遍后，还需要用细小的水流不停地冲洗虾仁半小时以上，让不断流动的水慢慢地带走虾仁中多余的盐分。第一次处理的时候可以焯一个虾仁尝尝咸味，以便估算合适的冲水时间。

这里给出的搓虾仁的时间和冷藏时间是我认为的最佳时间，能够令虾仁口感最好！如果你是临时准备做虾仁，也有简单快捷的方法，比如搓10分钟后放冷冻室冻10分钟（注意把虾摊平，使其受冷均匀），然后赶紧淘洗、冲水，这时冲水就不必太久了，因为腌制时间较短，淘洗几次后冲几分钟即可。如此处理后，口感虽然不及长时间冷藏腌制的虾仁好，但相较于不做处理的绵软虾仁已经好多了。

尽管这是为了让虾仁口感脆弹而进行的处理，但由于有盐的搓洗，又有水流的冲刷，所以处理完的虾仁表面会变得光滑明亮，黑色的表皮大都会被洗掉，也会更加漂亮，可谓一举两得！

经过冷藏腌制的虾仁在进行烹饪时，若还有腌制环节，就需要注意盐的量，一般建议不再放盐，直接用一点点蛋清抓一下，再加少许淀粉抓出些黏性就可以了。放蛋清是为了让虾仁爽滑。

用这种方法处理虾仁，虽然步骤比较烦琐，但是口感极佳，而且也很健康。若你追求的是食材的完美口感，不妨一试。

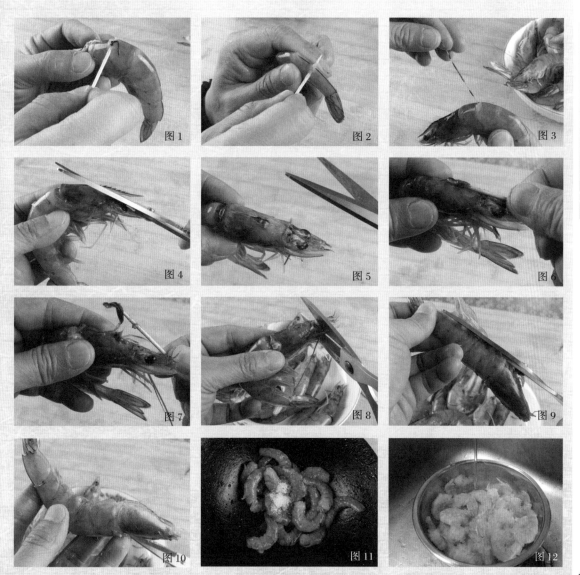

图1　图2　图3
图4　图5　图6
图7　图8　图9
图10　图11　图12

两吃大虾

（黄金虾和沙拉虾）

沙拉虾口感清爽，黄金虾焦黄酥脆。

黄金虾、沙拉虾，是两种经典的大虾吃法，做法都不太难，因此我把它们结合在一起，成就了这道"两吃大虾"。这种做法尤其适合过节的气氛，在粤菜中沙拉虾经常会被当成凉菜的头盘，既清爽又漂亮，也不失体面；炸虾也是大家都喜欢的，口感香酥脆爽。这样的两盘虾上桌的时候，一定会成为焦点！

原　料	（图1）
主料	
大虾………………	若干
虾的个头要大些，硬壳的冰鲜大虾最好。	
辅料	
面包糠………………	适量
沙拉酱………………	适量
调料	
盐………………	适量
黑胡椒碎………………	适量
鸡蛋………………	1个
鲜柠檬………………	1个
调料没有固定比例，可随自己的喜好调整。	

图 1

图 2

图 3

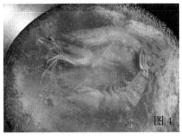

图 4

图 5

图 6

图 7

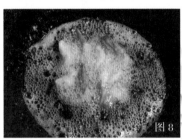

图 8

腌虾

①取一半大虾，去头、去壳、留尾，从背部纵向片开，但不能切成两片，去掉虾线（图2），用适量黑胡椒碎、盐和现挤的鲜柠檬汁抓匀腌上（图3）。

*片虾的时候要稍微深一些，不然摊不平。

*柠檬一定要选品质好的，才会香气浓郁。

煮虾

②锅中加水烧开，放入另一半去掉虾线的大虾焯熟（图4），捞出（图5）。

*虾带壳煮可以让虾肉的水分流失得少一些，口感更好。

*煮虾的具体时间依虾的大小而定，原则是宁生一分也不能煮过，保证口感脆弹。

③焯过的大虾凉凉后去头、去壳，每个虾仁用刀片成两片（图6），在盘中码好备用。

*如果希望沙拉虾的口感更好，可以准备一盆带冰块的冰水，虾焯完后立刻放在冰水里冰镇一会儿。

炸虾

④将腌好的带尾虾肉在鸡蛋液中蘸一下，放入面包糠中，令虾肉均匀地裹上一层面包糠（图7）。

*如果买不到面包糠，可以买一个原味面包掰开，搓出来的面包屑可以代替面包糠。

⑤炒锅中多倒些油，烧至六成热，放入裹着面包糠的虾，中火炸至表面金黄即可出锅（图8）。

*炸的时候油温不能太低，否则炸的时间过长，面包糠会吸收更多的油，吃起来会很腻。同时注意，因为虾很容易熟，所以油温高时，只要表面上色就行了，此时应赶紧出锅，不可久炸。

装盘

⑥沙拉酱挤在焯过水的虾仁上，炸虾旁备好番茄酱，即可。

伍 鱼虾美

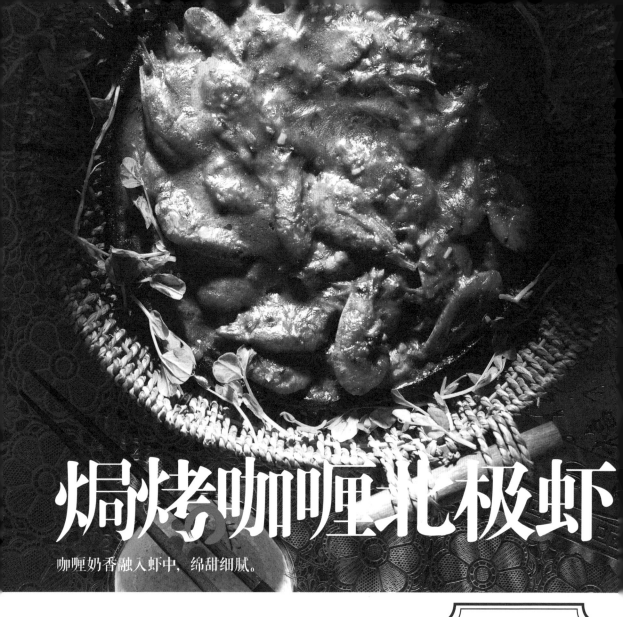

焗烤咖喱北极虾

咖喱奶香融入虾中，绵甜细腻。

澳门有一种酱汁叫"葡汁"，其中含有椰浆、淡奶、姜黄粉等，类似咖喱汁。后来粤菜借鉴了这种调料，最有名的一种做法便如这道菜一般：几种蔬菜及菌类打底，浇一层浓厚的"葡汁"，最后用烤箱烤一下。因为这道菜中虾肉要经过炸、烧、烤3道工序，所以每一道工序的烹制时间都不能太长，否则虾肉易变老。

做法

准备原料

① 北极虾自然解冻，洋葱、姜和大蒜切细末备用。

* 北极虾尽量在常温状态下自然解冻，不要用水泡，以免味道和口感变差。

② 咖喱粉放碗中，烧少许七成热的油浇在咖喱粉上（图2），快速搅匀，做成油咖喱酱（图3）。

* 做油咖喱酱时油温不能太低，否则激发不出味道。

原 料 （图1）

主料

北极虾……………… 300 克

用带壳鲜虾也可以，但北极虾基本上是野生的，营养价值更高。

调料

咖喱粉…………………… 适量

白糖…………………… 20 克

盐……………………… 1 克

洋葱、姜、大蒜、鲜奶……………… 各适量

黄油炒面粉……………… 少许

黄油炒面粉的做法见本书第26页"黑椒焗小里脊"。

图1

图2

图3

图4

图5

图6

图7

图8

图9

图10

炸北极虾

③ 锅中放适量油，烧至七八成热，将北极虾放进去开大火炸半分钟，至表皮酥脆时捞出（图4）。

＊如果虾多或者锅小油少，就分成两次炸，否则油温下降太快，影响虾的口感。

烧北极虾

④ 锅中补放少许油，用中火烧至五六成热，下洋葱、大蒜和姜末煸一下，再放入适量调好的油咖喱酱炒出香气（图5）。

＊用黄油来炝锅也是不错的选择，味道更加香浓，可以一试。

＊咖喱的制作一般离不开洋葱、大蒜和姜，混合的味道很好。咖喱的多少依个人口味而定，无特殊要求。

⑤ 放适量热水，加白糖和盐，放入虾，用大火烧开后转中火煮1分钟（图6）。

烤北极虾

⑥ 倒入适量鲜奶烧开，再煮1分钟（图7），用黄油炒面粉勾芡（图8），汤汁变稠后盛入盘中（图9）。

＊如果家中有椰浆，可以在这一步中加一些，味道更美妙。

＊这道菜用的是西式烹饪方法，所以得用西式的黄油炒面粉勾芡，味道更香浓。

＊勾完芡的汤汁不能太浓，要有一定的流动性，最后要能够浇在虾上。

⑦ 将整盘食材放入提前预热的烤箱中烤五六分钟，至表面起泡变焦黄就可以了（图10）。

＊烤箱上火调最高温，下火200℃就可以了，主要是为了让表面上色形成焦皮。

＊最后烤一下会使这道菜更香浓，食用的时候可以倒一小杯酸奶在焦皮上，别有一番风味。

＊盛虾的盘子要选择适用于烤箱的，否则可能有危险。

懒人妙招

因为家里不常用椰浆和姜黄粉，所以这里的咖喱酱以现成的咖喱粉为底料进行调制。如果想进一步简化，可以买现成的咖喱膏。另外，虾可以不炸，而改为水焯，但由于北极虾是野生的，腥味稍重些，水焯不能很好地去除腥味。

食材笔记

为什么这道菜要特意选用北极虾呢？第一，一般的虾全是养殖的，味道不够浓郁，北极虾的虾味更浓一些。第二，北极虾皮薄，可不用去皮直接吃，又有味儿，又补钙。第三，野生的北极虾营养价值更高。不过，因为北极虾从海里打捞出来要立刻在船上煮熟（否则会腐坏），本身又有咸味儿，这对于做菜来说稍有局限。我试过很多方法，这种用咖喱烹饪的方法是最好吃的。

伍 鱼虾美

「宫保」作为一种经典口味，引得无数后人推陈出新，但在这里，咱们要说说最传统的宫保做法，不用红油，不用辣椒面，只用干辣椒和上好的花椒，味道醇正。

宫保虾仁

经典宫保味——咸鲜麻辣小酸甜，虾仁脆爽。

原　料　　（图1）

主料

虾仁·············200克

虾越新鲜口感越脆，建议买鲜虾回来自己剥皮，超市的冰冻虾仁肉质较差。如果买的活虾不好剥皮，可以先在冷冻室里冻半小时，这样就好剥了。

辅料

花生米·············50克

腌虾调料

盐·················1克
酱油···············2克
黄酒···············5克
胡椒粉············少许
淀粉··············少许

宫保汁调料

黄酒··············15克
酱油··············12克
米醋··············20克
白糖··············20克
盐·················1克
淀粉·············适量

宫保汁中各种调料的比例须严格遵照此配方。

其他调料

干辣椒、花椒······各适量
葱姜蒜············各适量

图1

图2

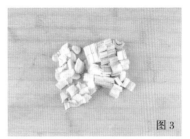
图3

图4

图5

图6

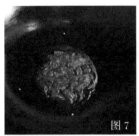
图7

图8

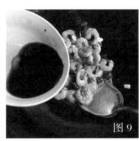
图9

图10

灵活运用

宫保的做法适合大多数脆嫩的食材，除了大家熟知的宫保鸡丁，还可以做宫保猪肉丁、宫保腰花，等等。

准备原料

① 虾仁去虾线，洗净，用布包住，稍挤一下，去除表面的水（图2）。

*腌虾前一定要把虾表面的水分擦干，若水太多，虾仁挂不上味。

*如果有带冰块的冰水，把虾仁放在其中冰镇会儿，擦干水再腌会更脆。

② 花生米提前用温水泡一下去皮，温油炸酥脆备用。葱竖着剖开切大丁，姜蒜切小片（图3），干辣椒去籽、剪小段备用（图4）。

③ 虾仁放盘中，放入腌虾调料抓匀（图5），封起来放在冷藏室中冰一会儿。

*腌的时候先放盐抓一会儿，会变得很黏，这是盐和虾表面的蛋白起作用的结果。这时再放其他调料，最后抓淀粉，虾仁腌出来要有很黏的感觉，不能有水。（这是普通快捷的腌法，如想更脆爽，详见本书第132~133页。）

调宫保汁

④ 将宫保汁调料全部倒进碗中，搅匀备用（图6）。

*尽量多搅动一会儿，让白糖和盐完全溶化，淀粉量要足够。

煸炒花椒和干辣椒

⑤ 炒锅中倒适量油，烧至四五成热，先放花椒用中小火煸一会儿，然后开中火烧至六成热，下干辣椒快速炒至颜色变棕红（图7）。

*花椒先用温油多煸一会儿，容易出麻香味，然后再开中火炒辣椒。

*辣椒即将变棕红色时就可以放虾仁了，接着和虾仁一起炒制，最后的火候正合适。

炒虾仁

⑥ 开大火，放入腌好的虾仁炒散至表面变色（图8），放姜蒜片继续炒，至虾仁几乎完全弯曲，放入调好的宫保汁炒两下（图9），立刻放葱丁和花生米炒匀出锅（图10）。

*虾仁易熟，以弯曲度两头快碰在一起为准，动作要快，如果炒过了，虾肉会变得很面，宁可炒九分熟也不能炒过。

*宫保汁倒入锅中之前要再次搅一下，以免淀粉沉淀。

*虾仁入锅后要全程用大火炒；炸花生米要等完全凉透才能下锅，否则不脆。

茄汁荔枝虾仁

酸酸甜甜，味道浓郁，虾仁爽滑。

适合下菜的水果并不多，荔枝是其中一个。虾仁入口极弹牙，脆爽嫩滑，表面一层番茄酱酸甜可口，再配以时令的荔枝，口感丰富。这道菜很简单，但对食材的预处理要求比较高，虾仁一定要脆制到位，否则没有弹牙的口感。

原 料 （图1）

主料

大虾	400 克
鲜荔枝	适量

带壳鲜虾最好，尽量不要用超市里的冰冻虾仁。

调料

番茄酱	20 克
盐	1 克
白糖	5 克
蛋清	少许
葱姜	各适量
淀粉	少许

图1

图2

图3

图4

图5

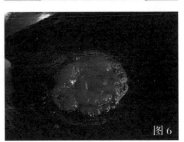

图6

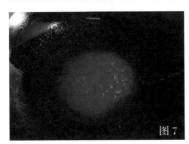

图7

图8

准备原料

① 大虾去头去壳，挑出虾线洗净，用先前介绍的处理虾仁的方法处理一下备用。

② 葱切片，姜切丝，放碗中，倒入适量清水泡 20 分钟左右，制成葱姜水（图2）。荔枝去壳、去核，将净肉撕成两半备用（图3）。

＊荔枝肉在炒制之前要先用开水烫一下再下锅。

腌制虾仁

③ 经处理的虾仁冲洗干净后，用布拭干，加少许盐抓一下至发黏，放少许蛋清和淀粉抓匀备用（图4）。

＊虾仁必须用干布拭干水分，若水太多，虾仁挂不上浆。（这是普通快捷的腌法，如想更脆爽，详见本书第132~133页。）

炒制

④ 锅中多倒些油，烧至五成热，放入虾仁，用中火滑半分钟至九成熟，捞出控油（图5）。

＊滑虾仁的油温不能太高，否则虾很容易变老。

＊虾仁滑至九成熟是因为后面还会再炒一下，这样就恰好熟，口感最好。

⑤ 锅中油倒出，留一点底油，倒入番茄酱小火煸炒半分钟（图6），接着倒入少许葱姜水，放盐和白糖用大火烧开（图7）。将荔枝和虾仁放进锅中炒匀，出锅即成（图8）。

＊葱姜水起到稀释番茄酱和去腥的作用，但不可多放，放多了还得勾芡才能裹住虾仁。如果番茄酱本身比较稀，就需要勾芡，最后一定要让汁挂在虾仁上。

＊虾仁和荔枝放进锅中裹匀汤汁就立刻出锅，不可久炒，以免虾仁的口感变差。

有一道菜叫作番茄肉片，做法类似，先肉片过油，然后在番茄酱里炒一下就可以了。当然，这个方法也可以灵活运用到很多食材上，如鸡肉、鱼片等。注意肉片要选比较嫩的部位（如猪里脊、鸡胸等），腌制和滑油都不能马虎，只有这样，才能成就一道好菜。除了放荔枝外，也可以放菠萝。

伍 鱼虾美

141

酸辣虾仁鸡丝拌菜

泰式酸辣味清香鲜辣，让人胃口大开。

此道菜的灵感来自我去酒店时所见泰国厨师制作之大概，这里介绍的是适合家庭的改良版。

做法

准备原料

① 鲜虾带皮挑去虾线，用水焯至刚熟即捞出冲凉水（图2）。鸡胸放入锅中，加些葱姜，小火煮10分钟至熟，捞出凉凉（图3）。

　*虾煮到完全弯曲就熟了，煮太久虾肉会变老；鸡胸不能用大火煮，小火浸熟便可。

　*虾线要先挑去，如果煮完就没法挑了；虾带皮煮能够保持虾肉中的水分，让虾肉更弹爽一些。

② 熟虾去头、去尾，剥出虾仁；用手顺着鸡肉纹理将鸡胸撕成粗丝（图4）；各种蔬菜洗净切好备用（图5）。

　*各种能生吃的蔬菜都可以放，也可以放水果，如芒果等，这样更有泰式风味。

③ 小米椒去蒂、去籽，与大蒜一起放在捣罐内（图6），捣成泥（图7）。

调味

④ 将鱼露倒进罐内调匀，再放一点白糖，最后把鲜柠檬汁挤进碗中（图8），味汁就调好了。把所有菜和肉放在一起，倒入味汁拌匀即成。

　*鱼露是咸鲜口味的，就不用另外放盐了。

　*最后可以炒一点芝麻捣碎撒在菜上，既好看，又多了一种味道。

　*酸是鲜柠檬的酸，辣是鲜小米椒的清辣，咸是鱼露的鲜咸，味汁中只要保证有这3种食材，味道就够了。

原料　（图1）

主料	
大虾	200克
鸡胸	一小块

辅料	
青红彩椒、黄瓜、生菜、洋葱	各适量

调料	
鱼露	15克
鲜小米椒	3个
大蒜	2瓣
白糖	2克
鲜柠檬	半个
葱姜	各适量

虾仁要用鲜虾，活虾更好。泰式调味料很多，不容易买全，有最重要的几样（柠檬、鲜小米椒、鱼露）就可以了。

伍　鱼虾美

图1

图2

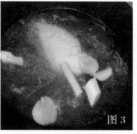

图3

图4

图5

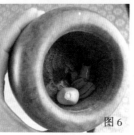

图6

图7

图8

姜葱焗肉蟹

咸鲜，姜葱焦香气浓郁，蟹肉细嫩。

中秋节吃螃蟹是中国人的传统食俗，一般螃蟹是清蒸，蘸着姜醋汁，醋要用镇江香醋，味道醇厚，带有丝丝清甜。但是再好的吃法吃多了也难免会腻，需要换换口味。这道菜是以烹海鲜著称的粤菜中传统的螃蟹做法，一刀两半，拍粉爆油炸酥，炒姜葱，下小蟹，蚝油生抽搭配，少许开水焖制，薄芡稍挂，起锅！姜葱味越过蟹壳钻进白嫩的蟹肉中，配以清鲜的调料汁大火烧成，味道确实不同凡响。希望在中秋的餐桌上能出现一道你烹制的姜葱焗肉蟹，给家人带来惊喜。

原料 （图1）

主料

肉蟹	3 只

一定要用活蟹，灰黑色壳子的肉蟹较其他螃蟹肉多些，吃起来更过瘾，如没有，用一般的螃蟹也可以。

辅料

香葱	250 克
姜	100 克
蒜	3 瓣

最好用细香葱，味道更好，大葱为次选。

炒蟹调料

黄酒	15 克
生抽	10 克
蚝油	15 克
白糖	3 克
胡椒粉	少许
老抽	几滴

图1

图2

图3

图4

图5

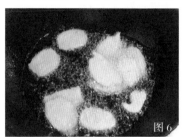
图6

图7

图8

图9

图10

准备原料

① 用刀按住螃蟹眼睛下边的部分，左手使劲把盖子揭下来（图2），螃蟹去世！将蟹鳃去净，沿中间剁开（图3），然后将身体和腿斩成小块，蟹钳拍破备用（图4）。

* "迫害"螃蟹时小心别被夹到手。

* 蟹鳃就是揭开蟹盖后看到的左右对称、弯曲带尖的软物，一定要去掉。

③ 将蟹块沥干水，并撒一些干淀粉拌匀。

* 这样可以使蟹肉保持嫩度，淀粉还能吸收一些螃蟹表面的水，减少炸制时的迸溅。

④ 香葱切段，姜切厚片，蒜切末备用（图5）。

炸螃蟹

⑤ 锅中倒适量油，烧至八成热，开大火把姜片炸至表面焦黄捞出（图6）；保持大火，再次加温至八成热后，下蟹块炸1分钟左右（图7），见表面干松就捞出备用。

* 做这道菜姜片一定要炸一下，才有焦香的味道。除了最后烧螃蟹的3分钟，其他制作过程全程大火才会有干香。

* 一般家中锅小油少，所以炸的时候最好分两次炸，避免油温下降太快而影响菜品口感。

炒螃蟹、烧螃蟹

⑥ 锅中油倒出，留少许底油，烧热后下香葱段用大火煸半分钟至出香气（图8）。放入炸好的姜片、螃蟹和蒜末继续用大火炒几下，接着加入所有炒蟹调料炒匀（图9）。

* 放炒蟹调料的时候先放黄酒爆香，再放其他。

⑦ 加少许热水，盖锅盖，开中火烧3分钟入味，最后勾少许芡，用大火收汁便可（图10）。

* 热水少加一点，如放多了整道菜就没有干香的味道了；调料咸味足够，不用另外加盐。

* 最后一定要留一点汁勾芡，让汤汁包住蟹块，这样更有味道。

灵活运用

这个方法适用于多种食材，如带壳大虾、鱼段、鸡块等。

懒人妙招

如果觉得过油麻烦，螃蟹也可以不过油。锅中放少许油，烧至特别热，放蟹块下去，大火炒熟盛盘。蟹块会出很多水，所以需洗净锅后烧热，再放少许油，接着用大火烧热，先把姜煸焦黄，然后下葱炒出香气，再放炒过的蟹块，剩余程序就一样的。这么做味道也还不错，但还是有差距的。

铁板鱿鱼

咸鲜中带着咖喱味，让人耳目一新。

铁板这东西家里一般不会备，可有些菜还真是非铁板不可，最常见的就是这道铁板鱿鱼。鱿鱼遇热特别爱出水，厚铁板可以储存大量热能，使鱿鱼不至于出水太快，同时快速蒸发所出的水分，从而令鱿鱼保持「煎」的状态，鲜美浓郁，焦香气足，这是铁锅替代不了的。所以，要是你看到外面小摊上的铁板鱿鱼就走不动道，不妨自己在家里备一块铁板，自己烹饪，再叫上三五好友，好不热闹！

原　料　（图1）

主料

鲜鱿鱼…………… 约300克
要用冰鲜鱿鱼，千万别用水发鱿鱼。

辅料

洋葱、大蒜、
青红尖椒……… 各少许

调料

生抽…………… 10 克
蚝油…………… 5 克
咖喱酱………… 10 克

图1

图2

图3

图4

图5

图6

图7

图8

准备原料

① 洋葱和青红尖椒切圈，大蒜切片（图2）。鱿鱼去内脏、去眼睛，整治干净，将身体切成0.8厘米宽的圈（图3），鱿鱼头切小段即可（图4）。

* 鲜鱿鱼比较好处理，往外拉头部，相连的内脏就会一起出来，如果感觉头和内脏会断开，就用剪刀伸进去稍微剪一下。

* 鱿鱼腹中有一根像塑料管一样的骨头要拉出来，外皮要撕掉。这也是检查鱿鱼新鲜不新鲜的方法，如果一张皮一撕到底，那么说明鱿鱼很新鲜；如果一撕就断，那么新鲜度就差些。

* 鱿鱼的眼睛要小心处理，要用剪刀剪开眼眶再轻轻弄出来，别使劲挤和抠，里边是黑汁，会弄脏衣物。

* 这种做法的鱿鱼不用切花刀，因为切花刀后鱿鱼一受热就卷曲，反倒容易受热不均。

煎制

② 铁板烧至极热，倒少许油抹平，将鱿鱼放在铁板上（图5），用铲子不停地铲动，以防焦煳（图6）。

* 铁板要多烧一会儿，所谓的极热就是微微冒烟的状态，这样就不必担心鱿鱼煎出水了。

③ 鱿鱼开始收缩后即达到六七成熟，放入洋葱、大蒜和青红尖椒，炒开（图7）。

* 洋葱、大蒜和青红椒都是提味的，不过不能多放，会出水；无须另外放盐，鱿鱼本身也是有咸味的，有生抽和蚝油足够。

④ 加生抽炒10秒左右，香气出来，再放咖喱酱和蚝油炒匀就可以出锅了（图8）。

* 生抽一定要浇在热的鱿鱼和铁板上，以便充分激发出香气。

* 鲜鱿鱼比较好熟，所以宁可少炒几秒，也绝不多炒1秒，否则，鱿鱼一过火候就会变得很老，不好咬。火候合适时，鱿鱼肉会非常鲜嫩。

灵活运用

还有一种做法就是放孜然、辣椒，最后撒一把香菜。记住，只要有块好铁板，鱿鱼怎么做都香！

蒜蓉蒸鲜鲍

蒜香气足，鲍鱼脆韧，海鲜气息浓厚。

蒜蓉蒸是粤菜的经典做法，独一份儿。因为广东菜以海鲜、河鲜为主，他们发现用蒜蓉来蒸新鲜的海鲜，既去异味，同时还能提香，让海鲜变得更加美味，因此，这种技法就一直传承了下来。

生蒜的清香和炸蒜的焦香相得益彰，一道菜中能同时吃出两种不同的蒜香！说到鲍鱼，美食家们嘴皮一动，就能如数家珍般说出若干品种，其实，五六块钱一个的鲜鲍，浇些油蒜汁和焦蒜粒，锅中蒸腾几分，揭盖吹气提盘摸耳，一口一个，不也安逸之极吗？

原　料　(图1)

主料

鲜鲍鱼……………… 适量

一定要用活鲍鱼，现买现做，这样才能保持口感和香气。

调料

大蒜、黑胡椒粉… 各适量

盐……………… 少许

图1

图2

图3

图4

图5

图6

图7

图8

准备原料

① 鲍鱼用小刀切断底部的肌肉，去掉沙肠，洗净（图2），接着用刀在鲍鱼表面轻轻地横竖切几刀（图3），划开深度达到鲍鱼肉厚度的1/3就可以了，摆于盘中备用（图4）。

* 如果觉得小刀危险，也可以用薄一些的勺子直接抄底把鲍鱼和壳分离开。

* 鲍鱼表面剞花刀是为了令其在蒸制的时候里外成熟一致，且更容易入味。

制作蒜蓉汁

② 大蒜切细末，一半放碗中，放少许盐和黑胡椒粉，用八成热的油浇上去，快速搅拌均匀（图5）。

* 虽然只有盐这一种主要调料，但也不必全放。鲍鱼是海产品，本身会有些许咸味，所以放一点盐，味道就足够了。

* 生蒜末一定要用热油浇一下，去掉生味，激发出香气，浇的时候最好分几次下油，要边下油边搅动。

* 油量不能太大，以刚浸过蒜末为好，也可以适当放点白糖提提鲜，但不能吃出甜味来。

* 放胡椒粉可以去掉海鲜类原料的腥气，多放一点也无妨，也可用白胡椒粉替代。

③ 另一半蒜末用五成热的油，小火慢炸成金黄色捞出，倒入刚才制作的蒜汁碗中拌匀（图6、图7）。

* 炸蒜的时候油温不能高，要用小火慢慢炸，看到蒜末呈浅黄色时就要捞出，若再炸就会煳。

蒸制鲍鱼

④ 将调好的蒜汁连油带蒜用勺子分别浇在鲍鱼上（图8），待蒸锅水开上汽后，将鲍鱼放进去，加锅盖，用大火蒸3分钟即可。

* 一定要等蒸锅水开上汽后再放鲍鱼，一鼓作气用大火蒸熟，蒸的过程中不能揭盖。

灵活运用

很多食材都可以用蒜蓉蒸，但以海鲜、河鲜居多，比如带壳的鲜虾、鲜鱼、龙虾、白蟮等鲜嫩的原料，经典菜"蒜蓉开边虾"便是将带壳虾的背部用刀划开，填入蒜汁，上锅蒸成。

懒人妙招

如果觉得炸蒜麻烦，也可以不炸，直接用油浇蒜蓉。另外，蒸的时候还可以放少许泡好的粉丝，吸饱了汤汁的粉丝非常筋道爽滑。

伍 鱼虾美

蔬菜怡情

第六章

只有肉的宴席是不完美的，

缤纷的蔬菜无论是在餐桌上还是对于我们的健康，

都有着举足轻重的作用。

但是蔬菜不似肉类易做易食，

真要下一番功夫才得入口，

其制作方法和加工技艺显得格外重要！

让我们来做出更多花样的蔬菜吧！

春饼卷合菜

合菜脆嫩，春饼软糯，香气十足。

立春，新的一年开始。这一天大家都会早早回到家，进门便看到饭桌上杯盘罗列，酱肘子、炒合菜、春饼、甜面酱、小米粥，家的味道此刻显得更加浓郁。

坐下来，卷一张饼，重温那满手流油吃春饼的经历吧！

做法

准备原料

① 所有菜洗净，韭菜和菠菜切段，红椒切丝，葱姜切末（图2），猪肉切丝（图3），粉丝用开水泡5分钟，捞出来凉凉（图4）。

*这道菜可以不放肉，但是略放些肉丝味道更香。蔬菜洗完尽量沥干水。

*粉丝一定要用开水泡，但不能泡太久，否则会变得软烂，捞出来自然凉凉后用手抓散便可。如果用凉水泡，粉丝会很硬，由于最后炒制的时间不会太长，粉丝就可能不熟。

原 料	（图1）
主料	
豆芽、菠菜、韭菜、粉丝……… 共300克	
炒合菜没有固定的搭配，很多蔬菜都可以，不必拘泥。	
辅料	
红椒……… 少许	
鸡蛋……… 2个	
猪肉……… 少许	
调料	
酱油……… 15克	
蚝油……… 5克	
葱姜……… 各少许	

图1

图2

图3

图4

图5

图6

图7

图8

图9

图10

焙蛋皮

② 鸡蛋打散。把锅烧热，在锅的表面少量地擦一层油，然后关小火，倒入鸡蛋，转匀。蛋皮焙好后盛出，切丝备用（图5）。

＊鸡蛋在碗中打匀后要把表面的沫子稍微撇一下，不然焙出的蛋皮容易破。焙完蛋皮的炒锅不用洗，留着炒菜，一定不会粘锅。

＊如果感觉摊蛋皮麻烦，还可以炒完菜摊一个葱花鸡蛋盖在合菜上，也非常棒。

预炒蔬菜

③ 炒锅烧热，倒少许油，放入豆芽和红椒，大火炒半分钟（图6），接着再放菠菜炒1分钟盛出（图7）。

＊豆芽、红椒和菠菜一定要事先用少许油炒一下，一方面可以去除一部分水汽，再炒时不至于出太多水；另一方面，炒出来的菜是热的，再炒时不至于降低锅内温度，只有这样才能炒出干香的"锅气"。

爆酱油

④ 炒锅不用洗，再倒适量油烧至八成热，放入肉丝和葱姜末大火炒散，立刻倒酱油爆香（图8）。

＊这道菜最重要的就是爆酱油，这样才能炒出干香的"锅气"。锅一定要特别热。肉丝量很小，炒老些也无所谓。肉丝下锅后，锅内的温度不会降太多，在倒酱油的时候听到"吱吱"的炝锅声，这样"锅气"才能出来，要全程大火。

＊这道菜有酱油和蚝油，咸度差不多了，盐一般来说不用放了。如果口味偏重，那么少放一点也行。

再炒蔬菜

⑤ 接着放入预炒过的豆芽、红椒、菠菜以及粉丝、蛋皮丝、韭菜（图9），加一点蚝油，大火爆炒至韭菜有点发软就可以了，大约1分钟出锅（图10）。

更上一层楼

做春饼一般都用烫面，或者是半烫面，即先用一部分开水烫面，再放些凉水一起和，这样做出来的饼更筋道。先做两个面剂，一个刷油，一个不刷，再合在一起擀成片。家中一般用电饼铛烙春饼，缺点是不好看、颜色不均匀。另外还有两种方法，一种是蒸——将擀好的面皮放进上汽的蒸锅中蒸1分钟即可；另一种是烤——放进预热的烤箱烤2分钟。这两种方法都可以让春饼表面均匀、口感良好。

陆 蔬菜怡情

醋熘白菜

白菜脆爽，酸香气浓郁。

只吃白菜叶、不吃白菜帮的大有人在，但浪费可惜，这次，我们就单独用白菜帮做一道菜，一样美味！

原　料　（图1）

主料

白菜帮…………… 250 克

要选应季大白菜，最好是冬季大白菜，俗称"开锅烂"的品种，这种白菜帮才有脆嫩的口感。

调料

醋……………	25 克
酱油…………	5 克
盐……………	2 克
白糖…………	10 克
香油…………	少许
干辣椒………	1 个
葱蒜、淀粉……	各适量

干辣椒一定要放，这样会有更多香气。最后的蒜末对于衬托香味很重要，不可省略。

做法

准备原料

① 将白菜帮斜片成块（图2），干辣椒切段，葱蒜切末备用（图3）。

* 白菜帮斜切口感更好，干辣椒要去掉籽。

爆香调料

② 炒锅内倒适量油，烧至七成热，先下干辣椒大火炸至棕红色（图4），立刻下葱末爆香。

* 干辣椒在七成热的油中变成棕色只需几秒，动作一定要快，尽量别让辣椒黑了。

炒白菜

③ 放入白菜，倒入大部分醋，大火炒1分钟（图5）。接着放酱油、盐和白糖炒匀，再放剩下的醋，最后勾芡，下蒜末、点香油即可出锅（图6）。

* 白菜入锅后稍稍翻动就放醋，这样才能熘出酸香气，最后再放剩下的醋是对挥发的醋味做补充。

图1

图2

图3

图4

图5

图6

醋烹洋白菜

锅气十足，洋白菜脆爽鲜香。

　　在你懒得手指尖都不想动的时候，一道简便厚味的菜显得尤为重要，这道菜保准不会让你失望，清脆的口感、浓浓的醋香，最适合下饭！

原　料　（图1）

主料

洋白菜……………… 适量

调料

葱蒜、干辣椒、盐、

陈醋……………… 各适量

洋白菜最好挑选比较蓬松的，里边的层和层之间要留有一定空间，用手能很轻易地捏动，叶子比较松软，这样的炒出来好吃。

做法

准备原料

① 洋白菜用手撕成大片，去掉菜帮子（图2），葱蒜切末，干辣椒掰成小段备用。

*洋白菜可以焯一下再炒，虽麻烦一些，但可以不浪费菜帮子。

爆香调料

② 炒锅内放适量油，烧至七成热，放入干辣椒，大火炸至棕色并出香气，立刻下葱蒜末炝锅（图3）。

*辣椒不能炸煳了，切记！

炒洋白菜

③ 当葱蒜末炸得有些发黄的时候，放入洋白菜，立刻烹醋。

*所谓"烹"，就是在锅热时下液体调料，在高温下炝出香气。所以，要一直开大火炒，保持高温。洋白菜下锅后不要急着炒动，一定要先放醋，这样才能烹出香气。如果先炒洋白菜，待锅变凉再放醋，就烹不出香气了。醋要转着圈分散倒，不能往一个地方倒。

④ 接着快速翻炒几下，放盐，再炒半分钟左右，待菜叶变软、变绿，再点一些醋就可以出锅了（图4）。

*出锅的时候再点一些醋，可以补充先前炒制过程中挥发的醋香。点醋的时候不要往菜上倒，而要贴着锅边倒，锅边温度最高，醋香更易激发。

图1

图2

图3

图4

鲜菇扒时蔬

蔬菜碧绿，鲜气十足。

　　时蔬便是时令蔬菜，粤菜讲究吃应季菜，用草菇或是其他新鲜蘑菇打一个浓厚而明亮的蚝油芡汁，"扒"着当季的蔬菜，味道清爽利口，营养丰富。

做法

准备原料

①油菜择洗干净；鲜菇去蒂、洗净、切小花刀（图2）。

　＊洗整根的油菜时要特别注意搓一搓头部，因为一层层的菜心里会有泥。

焯水

② 烧一锅开水，油菜焯一下捞出（图3）。水不用倒，再焯一会儿鲜菇捞出（图4）。焯鲜菇的过程中，将焯好的油菜沥干净水后码盘（图5）。

　＊油菜从放进开水锅中到水再次烧开，煮半分钟就可以了。

　＊焯完的油菜码盘前一定要好好压一下，把多余的水分去掉，不然码盘后盘里全是水。

　＊蘑菇在焯水的时候会有很多渣子，所以一定要先焯油菜再焯蘑菇，这样省水省火。蘑菇要多焯一小会儿。

烧鲜菇

③ 锅洗净，倒入适量干净水，放生抽、蚝油和白糖，点几滴老抽上色（图6），把鲜菇放入汤中烧开（图7）。

　＊如果时间允许，可以提前把汁调好烧开，将焯好的蘑菇放进去浸泡一段时间，这样蘑菇更入味。

勾芡

④ 用淀粉加清水勾浓芡，点几滴香油出锅（图8），浇在油菜上即可。

　＊这道菜勾芡很重要。第一，芡一定要浓，但仍要保持一定的流动性。第二，勾芡的时候火力要控制好。因为家里火小，所以火要开大一些。第三，不要一次勾大量芡，可以分2次或3次一点一点地勾芡。第四，芡汁下锅后要顺着一个方向搅动。

原 料 （图1）

主料

油菜、鲜菇……… 各适量

这里用的是油菜，也可以用芥蓝、生菜等。蘑菇尽量用鲜的，还能用草菇、口蘑等随意搭配。

调料

生抽、蚝油、白糖、淀粉、老抽、香油……… 各适量

此菜调味简单，突出咸鲜口感便可，调料可自行调整用量。

图1

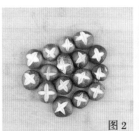
图2

图3

图4

图5

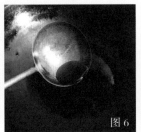
图6

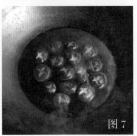
图7

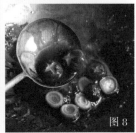
图8

焦蒜皮蛋浸菠菜

焦蒜香和皮蛋香围绕在菠菜表层。

炸得金黄的蒜、皮蛋和菠菜在一起，这样的组合可能只会出现在广东菜中，粤菜对于蔬菜的做法确实有独到之处。

做法

准备原料

① 菠菜洗净、切段，皮蛋去皮、切小块（图2），大蒜每瓣切开备用（图3）。

*大蒜个头大的切一下，个头小的就不用切了。如果皮蛋的心太稀，最好焯一下，不然最后的汤会很混浊。

② 炒锅多放些油，烧至七成热，将大蒜放下去（图4），炸至表面金黄时捞出（图5）。

*炸蒜的油温要高一些，不然上色很慢，焦香的气味也无法激发出来。

③ 另取一只锅，将菠菜用开水焯一下，捞出控干水备用（图6）。

*菠菜一定要焯一下，以去除草酸的涩味，但别久焯，变绿、变软就可出锅。

煮菜

④ 炒锅洗净，倒入适量热水或鸡汤，先把皮蛋和焦蒜放下去，再放黄酒烧开，稍微煮15秒（图7）。

*一定要先在水中煮一下炸蒜和皮蛋，这样汤汁更有味道。放少许黄酒是为了去掉皮蛋的腥味，别多放。

⑤ 保持大火，把菠菜放下去，加蚝油和盐，拌匀烧开即可出锅（图8）。

*放蚝油是为了提鲜，如果用的是鸡汤就不用放蚝油了。

原　料	（图1）
主料	
菠菜……………	250 克
辅料	
皮蛋……………	2 个
大蒜……………	1 头
调料	
黄酒……………	5 克
盐……………	2 克
蚝油……………	5 克

将皮蛋换成生的咸鸭蛋，将清水换成鸡汤来做这道菜，味道会更鲜美。

陆　蔬菜怡情

图1　图2　图3　图4

图5　图6　图7　图8

果仁菠菜

菠菜碧绿，果仁咸香。

吃一口看上去还不错的拌菠菜，享受美味的同时总感觉少点什么——几粒坚果的加入，让这道简单的凉菜立刻变得大受欢迎！

做法

准备原料

① 菠菜择洗干净。炒锅中放少许油，倒入花生米炸至酥脆，快出锅时放入腰果热一下一起出锅（图2），摊开凉凉。大蒜和盐一起捣成泥（图3），倒入米醋搅匀备用。

*夏天腰果容易反潮，最好过一下油，这样更酥脆。但腰果易煳，所以不能炸过长时间。

*蒜一定要捣出味道才好。可以放点盐，一是调味，二是在捣蒜的时候避免飞溅。

焯菠菜

② 锅中倒适量水烧开，加盐，放入菠菜焯一下，至菠菜变色即捞出（图4），放凉水中过2遍冷却（图5）。

*焯菜时放盐会使叶片更绿。菠菜不能久焯，颜色一变就捞出来放入冷水中，不然很快会变黄，使成菜不美观。

拌菜

③ 把菠菜轻轻攥干水分，切成段（图6），放入盘中，将调好的醋蒜汁和香油倒入菠菜中拌匀，再放花生米和腰果拌匀即可（图7）。

*菠菜在攥水的时候不要太用力，否则其本身的营养也流失了，只要轻轻地把多余的水分挤出就行。

原料 （图1）

主料

菠菜	200 克

菠菜要选嫩一些的。

配料

花生米、腰果	各适量

坚果要酥脆。

调料

大蒜	3 瓣
盐	2 克
米醋	10 克
香油	3 克

图1

图2

图3

图4

图5

图6

图7

红烧小萝卜

萝卜软糯，酱香十足，微咸甜的味道相当不错。

粉红色的小萝卜红烧出来粒粒晶莹，入口滑嫩绵软，烹制起来简单易上手，适合上班一族。

做法

准备原料

① 小萝卜去两头，切滚刀块（图2，具体切法见本书第165页），大蒜切末。炒锅中烧开水，将小萝卜放下去焯一下，捞出来备用（图3）。

＊小萝卜焯一下可以去掉其辛辣苦涩之味，但不要焯得太久，水开就可以了。

＊小萝卜皮营养丰富，但是辛辣气最浓，如不喜欢可以削皮。

炒制

② 炒锅烧热，倒适量油，先放一半蒜末用大火炒出香气（图4），接着放小萝卜继续用大火煸炒半分钟（图5），之后放酱油炒上色（图6）。

＊酱油一定要在加水之前放，让热油爆一下味道更好。

烧制

③ 加适量水，并放入盐、白糖和八角烧开，加锅盖小火烧15分钟，直至小萝卜完全变软（图7）。

＊放白糖是为了进一步去掉小萝卜的涩味。

④ 勾少许薄芡，撒另一半蒜末出锅（图8）。

＊小萝卜烧软之后应该还有一些汤汁，这样勾芡时才能让汤汁均匀地挂在食材上。如果汤汁太少，勾芡后无法挂在食材上，味道就淡了。

原料 （图1）

主料

小萝卜	350 克

应季的粉皮小萝卜最好，樱桃萝卜也可以。

调料

酱油	10 克
盐	2 克
白糖	5 克
八角	1 个
大蒜	适量

陆 蔬菜怡情

图1

图2

图3

图4

图5

图6

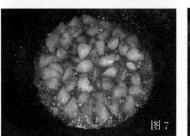

图7

图8

竹香糯米藕

藕香伴着竹叶香气，软糯利口。

　　"独坐幽篁里，弹琴复长啸。深林人不知，明月来相照。"（王维《竹里馆》）每次做这道菜，我都会想起这首诗。王维用寥寥几笔就刻画出了一种清幽的氛围，这道菜也是如此，几样简单的食材就营造出满满的诗意。

做法

灌糯米藕

① 莲藕洗净、去皮，把一端切开，别扔了，一会儿还得当盖子用（图 2）。将泡好的糯米灌进莲藕孔中，直到灌满为止（图 3），接着把刚才切下来的藕盖合上，扎上几根牙签固定住（图 4）。

＊切藕时要快速地一刀切断，如果速度太慢，加上刀钝，那么藕容易裂开，最后就不好封口了！

＊往莲藕孔里灌米时得先用手指圈住藕的断面，把米放在上面，用水轻轻浇，由于有手指挡着，中间会形成一个短暂的水窝，米会瞬间浮起来，这时再轻轻晃动，糯米就比较容易流进藕孔里了。当然，同时还要准备一支筷子捅一下。

原 料　　　（图 1）

主料

莲藕、糯米……… 各适量

糯米提前 12 小时泡水。
藕要选大些的，孔径大的容易填米。一定要找两头没有断开的藕，一是有些藕中间会进淤泥，非常黑，影响色泽；二是最后两边要封口煮，如果断开米会流出来。

调料

冰糖、竹叶、大枣…各适量

调料用量可以按个人喜好调整。

煮熟

② 高压锅中放竹叶垫底，接着放藕和大枣，最后加入水和冰糖，水没过原料之后再多放一些（图5），加盖，用大火煮开，盖上减压阀，发出"吱吱"声时，改中小火再煮1小时就可以了（图6）。

* 如果不用高压锅，则需要小火煮三四小时，费时费力，所以还是建议用高压锅煮，但要注意安全。

* 煮藕的水一定要多，因为糯米很吸水，而且煮的时间长，如果水太少，容易煳锅！

* 如果想要颜色好看，可以放一点点红曲米，这样成菜的颜色会发红。不过如果喜欢喝藕汤，就不要放了。

* 冰糖的用量可以稍微多一些，煮完后凉凉比较好吃，浇原汁或者桂花糖浆都行。

图1

图2

图3

图4

图5

图6

怎么切滚刀块

滚刀块，顾名思义就是把食材滚着切。这个刀法切出来的食材适合炖菜或烧菜时用。

① 胡萝卜洗净去皮，用刀斜着从一边开始切一块（图1、图2）。

② 把胡萝卜朝自己这边转一下（这个过程就叫滚，图3），切面朝上斜着垂直切一刀（图4）。

③ 接着把胡萝卜朝自己这边转一下，再切（图5），如此往复切就行了（图6、图7）。

图1

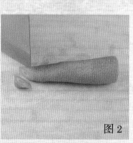
图2

图3

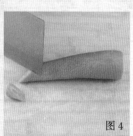
图4

图5

图6

图7

干煸四季豆

豆角焦香有韧性，香辣味浓。

　　干煸四季豆可称得上是川菜中的经典。一道干香微辣的素菜就能让我们不再挑剔，这正是川菜的本事！

做法

准备原料

①姜蒜切末，干辣椒去籽、切成段，豆角去两头后洗净、掰成段备用（图2）。

* 干辣椒要去籽，否则会很辣，不怕辣的可以不去籽。

* 豆角洗完后要多晾一会儿，让表面水分多蒸发些，不然之后过油炸的时候会进溅。

炸豆角

②炒锅烧热，多倒些油，烧至七八成热，放入豆角，大火炸至表面皱皮捞出（图3）。

* 豆角一定要炸熟，不然会有毒素，切记！

炒制

③锅中油倒出，留少许底油，先用中小火煸炒肉馅和干辣椒，接着放姜蒜末和醪糟汁一起炒香（图4）。

* 煸炒肉馅的时候油温别太高，不然肉馅还没来得及炒散便黏成一团了。

④将豆角和芽菜放入，同时放少许酱油和盐（图5），中火煸炒2分钟左右，起锅即成（图6）。

* 芽菜本身比较咸，所以酱油和盐要少放。

原料 （图1）

主料

豆角 ················· 250克

辅料

猪肉馅、芽菜 ····· 各适量

猪肉馅和芽菜是这道菜的灵魂，不可不放。

调料

醪糟汁 ············· 10克

盐 ················· 1克

酱油 ················· 5克

姜蒜 ················· 各适量

干辣椒 ················· 适量

也可以用黄酒代替醪糟汁。

陆　蔬菜怡情

图1

图2

图3

图4

图5

图6

酱焖豆角

酱香十足，肉片入味。

对于我来说，这道菜中有姥姥的味道。豆角经过酱汁的洗礼，香气十足，最后的一把蒜提升了整体质感。豆角要焖够，切不可半生不熟，以免中毒。

做法

准备原料

① 豆角择两头后洗净、掰小段（图2），猪肉切小片（图3），葱切片、蒜切末备用。

　*豆角先洗净再掰成段，这样营养不会流失；猪肉带点肥的更香。

炒豆角

② 炒锅中倒适量油，烧至六成热，先下肉片和葱片，用大火炒香（图4），接着放豆角继续用大火炒1分钟（图5）。

焖豆角

③ 转中小火，加入黄酱炒散、炒化，使其均匀地挂在豆角上（图6）。放酱油、黄酒，加适量热水，大火烧开后加盖小火焖15分钟以上。

④ 开盖放盐，大火收汁，最后撒蒜末出锅即可（图7）。

　*盐要少放，因为酱油和黄酱都有咸味。

　*蒜末必须最后收完汁再放，炒两下就出锅，不可多炒，否则没有味道。

原料 （图1）

主料

豆角	300克
猪肉	100克

买豆角时要掰开看看，选肉厚、水分足的。猪肉什么部位的都可以。

调料

黄酱	25克
酱油	5克
盐	1克
黄酒	5克
葱蒜	各适量

黄酱我一般用北京的干黄酱，如果没有就用黄豆酱。如果有家里吃炸酱面剩下的酱也可以直接用。

陆 蔬菜怡情

图1

图2

图3

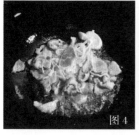

图4

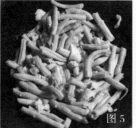

图5

图6

图7

清炒荷兰豆

碧绿明亮，咸鲜滑爽。

　　极简单却极不容易炒好的一道菜，难点就在于火候和芡汁的把握。如果把这道菜炒成美味，那你的厨艺真的是相当厉害了，不信吗? 来试试。

做法

准备原料

① 荷兰豆择去两头、洗净，小碗中放盐、白糖和蒜末（图2），倒少许清水，放一点淀粉搅匀备用（图3）。

*虽是清炒，但稍放点蒜末也可以提味。饭店一般会在味汁里加味精，我们不用味精，通过放少许白糖来提提鲜即可。

*淀粉的用量可以自己把握，达到能挂在原料上而不流出汁来的程度即可。

焯水

② 锅中倒水烧开，放少许盐和油（图4），将荷兰豆放进去焯一下捞出（图5）。

*荷兰豆很容易熟，从水烧开将荷兰豆放下去算起，焯半分钟即可捞起，这时的口感最为脆爽。

炒制

③ 锅洗净烧热，倒一点油（图6），将焯好的荷兰豆放下去炒两下，立刻加入调好的汁，大火快速炒匀就可以了（图7）。

*最后这一步的油量要特别少，因为焯的时候已经有些油了，清炒的菜油不能太多。

* 翻炒的动作要特别快，尤其是放汁的时候，稍微慢一点就容易熴。

原　料　（图1）

主料

荷兰豆·············　150 克

荷兰豆要挑新鲜翠绿的，发黄发软的就不新鲜了。

调料

盐·················　少许
白糖···············　1 克
蒜末···············　少许
淀粉···············　少许

陆　蔬菜怡情

图1

图2

图3

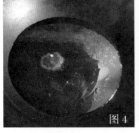

图4

图5

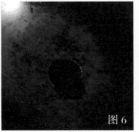

图6

图7

酱烧双鲜豆腐

豆腐柔韧，酱香浓郁带海鲜气息。

酱的香浓，虾仁的爽脆，鲜蚕豆的清新，豆腐的柔嫩，结合成一道让人无法忽视的美味。

做法

准备原料

① 蚕豆洗净；虾仁用刀片成两半，放少许盐和黄酒抓匀；葱姜切末备用（图2）；豆腐切块，下锅焯一下捞出（图3）。

*虾仁是辅料，用不了几个，不用冷藏处理。

*豆腐在开水里烫一下就可以了，不要用大火煮，容易碎。

煸炒调料

② 炒锅烧热，放少许油，先用小火温油将黄豆酱煸炒几下至出香气（图4），接着放葱姜，开中火炒两下，再放黄酒，倒适量水，加生抽，点几滴老抽上色，放白糖、盐和胡椒粉烧开（图5）。

*黄豆酱不用炒太长时间，出香气即可，记住要用小火，用大火容易煳。

③ 将豆腐和蚕豆一起放入汤里用中火烧3分钟（图6），最后将虾仁放下去烧1分钟至熟（图7），勾芡即可出锅（图8）。

*虾仁和蚕豆都是比较新鲜的，而且用量不多，所以不用提前焯水，直接放锅中和豆腐一起煮便可。

*虾仁要最后放，待虾仁差不多熟时就可以勾芡了，不能让虾仁过火变老。

原 料 （图1）

主料

豆腐……………… 300 克

最好用石膏豆腐（南豆腐）。

辅料

虾仁……………… 适量

蚕豆……………… 适量

虾仁最好用鲜虾仁。蚕豆可用其他时令食材代替，如豌豆、笋等。

调料

黄豆酱……………20 克

黄酒……………10 克

生抽…………… 5 克

老抽…………… 几滴

白糖…………… 5 克

盐…………… 少许

胡椒粉…………… 少许

葱姜…………… 各少许

淀粉…………… 适量

陆 蔬菜怡情

图1

图2

图3

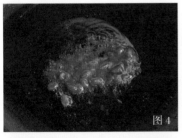
图4

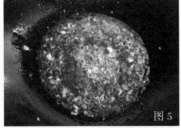
图5

图6

图7

图8

炝黄瓜条

麻辣十足，黄瓜脆嫩。

一根孤单的黄瓜切成条，加上盐和辣椒，无奇！但经过热锅的炝拌，便会散发出神奇的味道，这根黄瓜便不再孤单！

做法

准备原料

① 干辣椒去籽、切成小段（图2）；蒜切片；黄瓜切成小条，用盐抓一下，腌两三分钟备用（图3）。

*黄瓜要去掉中间的心，也就是籽的部分，因其含水量太大，对做菜不利。

*黄瓜条用盐抓匀后不能腌太久，两三分钟至表面有水渗出即可。

*这道菜唯一的咸味来源就是盐，腌的时候可适量多放些盐，因为黄瓜表面渗水时会带走一部分盐，如果腌的时候盐放得太少，吃起来咸味就不够。

炒调料

② 锅内倒适量油，先放花椒，开中火炸至颜色发棕（图4），转大火，下辣椒段快速煸至深棕色（图5）。

炝炒黄瓜

③ 放入腌过的黄瓜和蒜片，加少许白糖，大火快速翻炒5秒出锅（图6），凉凉食用最佳。

*这道菜要求下锅后特别快就要出锅，不能让黄瓜熟了。要是炒的时间长了，黄瓜中的水分流出，黄瓜就会变得软塌塌的。因此，建议把蒜片和白糖都放在黄瓜条上边一起下锅炝，以免影响出锅速度。

*黄瓜下锅炝一下是为了让炝出来的香气留在黄瓜表面，并不是为了把黄瓜炒熟或炒热。很多朋友问，直接用辣椒油拌就可以了，为什么非要下锅炒一下呢？关键就在这里，炝出来的香气是凉拌无法实现的！

*炝要求火力大、油热，蔬菜下锅后得发出"哗"的声音才算成功。虽然有油烟，但是必须这样才香！

原　料　（图1）

主料	
黄瓜	2根
调料	
干辣椒	适量
花椒	一小撮
盐	2克
蒜	1瓣
白糖	少许

辣椒要用当年新鲜、高品质、肉厚的干辣椒，香气才足。

陆　蔬菜怡情

图1

图2

图3

图4

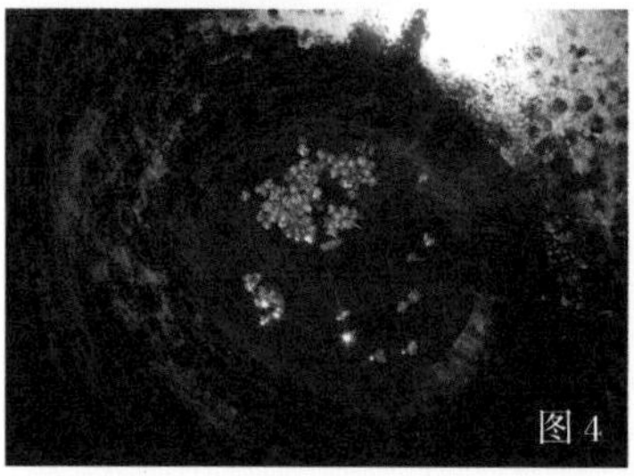

图5

图6

襄衣黄瓜

酸甜香辣，黄瓜有韧性。

图1

图2

图3

图4

图5

图6

蓑衣黄瓜是中餐里特别古老的一道凉菜，酸辣咸甜，四味俱全，黄瓜脆切，清口开胃。其难点就在于花刀的切法，大家要多练习。

准备原料

① 黄瓜切蓑衣花刀（具体切法见下文），切好后放盘中，撒一层盐腌3小时至出水，黄瓜变软（图2），干辣椒去籽、切丝，葱姜切细丝备用（图3）。

* 腌黄瓜的盐要多撒一些，不然很难把黄瓜腌软，黄瓜的口感就不脆。

煸炒调料

② 锅中倒香油，烧至四成热时下干辣椒丝，小火煸15秒左右至出香辣气（图4），接着下姜丝煸5秒，放白醋、白糖、盐和清水烧开后关火（图5），把葱丝放进去搅匀，味汁便做好了，放阴凉处凉凉（图6）。

* 干辣椒丝必须用小火温油炒，否则易煳，如果怕火候掌握不好，可以提前用开水泡一下辣椒再切丝，这样辣椒带些水分，就不容易煳。

泡黄瓜

③ 腌黄瓜的水完全倒掉，再倒入凉凉的味汁将黄瓜泡上，密封后在冰箱里放一夜即可。

* 如果是冬天，可以在常温下泡一夜；如果是夏天，就要放在冰箱里，且一定要密封，不然容易串味。

原 料	（图1）
主料	
黄瓜	2根
黄瓜要挑选形状匀称、较直的，这样才好切花刀。	
调料	
白醋	120克
白糖	100克
清水	40克
香油	20克
干辣椒	3根
葱姜	各适量
盐	适量

陆 蔬菜怡情

蓑衣黄瓜的切法

① 首先将刀尖抵在案板上，刀刃与案板约成45°，保持不变（图1）。

② 垂直切黄瓜，深度大约为3/5（图2），一直切至尾部（图3）。

③ 然后将黄瓜翻过来斜着切，深度也是3/5左右（图4），让两面的刀口有交集，这样花刀就切好了。

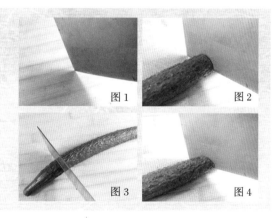
图1　图2
图3　图4

铁板煎酿凉瓜

咸鲜味，有菜有肉，伴着浓浓的豆豉味，在铁板上吱吱作响。

粤菜向来以鲜香滑爽的口感和突出食材本味的原则立足于强手之林。酿菜各地都有，但是粤菜中的酿菜可谓是一枝独秀，如豆腐、茄子、蟹盖等，酿完后烹制的方法也多种多样，煎、蒸、烤、焗、烧等都适用。其中，煎酿凉瓜可算是头魁，食材和调料搭配得极和谐，南方产的凉瓜苦味很淡，更多的是清香和脆爽，配上肥瘦合适的猪肉馅，再佐以自家炒制的豉汁，味道浓郁，口感丰富，颜色极具诱惑力，一入口便令人欲罢不能。

原料 　　　　(图 1)

主料

凉瓜……………	300 克
猪肉馅…………	100 克

凉瓜是广东本地产，肉厚微苦，如果买不到可以用苦瓜代替。肉馅不能太瘦。

腌馅调料

黄酒……………	5 克
生抽……………	3 克
蛋液……………	少许
姜末……………	少许

其他调料

豉汁……………	15 克
黄酒……………	10 克
生抽……………	8 克
蚝油……………	10 克
白糖……………	3 克
老抽……………	几滴
葱姜蒜…………	各适量
青红椒、淀粉……	各少许

豉汁做法见本书第 46 页"豉汁蒸排骨"。

特殊工具

铁板

铁板提前烧好备着，如果家中不便准备铁板，也可以直接吃。

图1

图2

图3

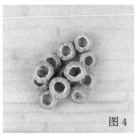

图4

图5

图6

图7

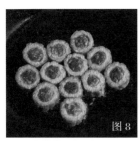

图8

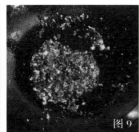

图9

图10

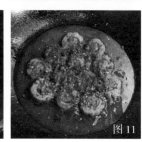

图11

准备原料

① 肉馅放腌馅调料抓匀，放少许淀粉拌匀备用（图2）。

　*肉馅可以朝一个方向多搅拌几下或者摔打几下，这样可以使肉馅更筋道，烹饪过程中不会散掉。

② 姜蒜和青红椒切细末，小葱切碎，备用（图3）。凉瓜切2厘米长的小段，去籽掏空，备用（图4）。

　*凉瓜不能切得太薄，看起来不大气，也没咬劲儿。

③ 在凉瓜环内侧抹一层干淀粉（图5），然后把腌好的肉馅酿进凉瓜环中，两头抹平（图6）。

　*在凉瓜环内侧抹一层淀粉能使肉馅更好地和凉瓜黏合，避免在之后的烹饪过程中脱落。

煎凉瓜

④ 炒锅烧热，放少许油，约六成热时放入凉瓜（图7），中火煎约2分钟，翻面再煎2分钟，至表面金黄盛出备用（图8）。

　*炒锅要事先用油多涮一会儿，以防肉馅粘锅。

　*凉瓜刚下锅煎的时候不要动，等肉馅表面稍硬再轻晃锅，让食材均匀受热。

烧凉瓜

⑤ 锅中留底油，放入豉汁，开中火稍煸，接着放姜蒜末和青红椒炒香（图9），再放适量热水，加生抽、蚝油、白糖、黄酒，点几滴老抽烧开（图10）。

　*豉汁是炒过的，所以无须多炒，姜蒜末和青红椒要炒香。

　*水量不用太多，能到达凉瓜的一半高度就差不多了。

⑥ 将煎好的凉瓜放进锅中用中火烧2分钟，再翻面烧2分钟（图11），用铲子将凉瓜盛出来放在提前烧热的铁板上，将锅中的汤汁勾薄芡浇在凉瓜上，撒少许葱花即可。

　*在烧的过程中，给凉瓜翻面时一定要小心，动作要轻，以免将肉馅震出。

　*最后勾芡不用太稠，要有流动性。

虾皮酱焖西葫芦

西葫芦软烂，酱香十足。

西葫芦也叫北瓜，口感脆嫩，适合爆炒或焖烧，用黄酱和虾皮烧制，味道浓郁，带有海味和酱香气息，是难得的下饭小菜！

原 料 （图1）

主料

西葫芦……………………… 1个

调料

干黄酱或黄豆酱…… 适量

虾皮…………………… 一小把

葱蒜…………………… 各适量

没有干黄酱的可用黄豆酱。虾皮用新鲜略潮湿的最好。这道菜做法简单，按喜好加调料即可，没有严格的分量要求。

图1

图2

做 法

准备原料

① 西葫芦洗净、切两半，去除中间的籽（图2），横切成0.5厘米的厚片（图3），葱蒜切末备用。

* 如果西葫芦特别嫩，中间的籽就可以不用去。

炒制

② 锅内放少许油，烧至六成热，先下葱末大火爆香，再放西葫芦炒1分钟左右，然后放虾皮炒几下（图4）。

烧制

③ 接着放干黄酱（图5），用小火炒匀（图5、图6），加少许水烧开，改中火烧2分钟（图7），最后用大火收汁，放蒜末炒匀出锅即成（图8）。

* 炒干黄酱时不要开大火，否则很容易煳锅，要用小火把酱炒匀再开大火炒。

* 切记不用放盐了，干黄酱很咸，虾皮也有咸味。水要少放，一点就够。

* 西葫芦有两种成熟程度：一种是脆爽，爆炒一下即出锅就是这种口感；一种就是虾皮酱焖西葫芦，烧一会儿软软的，口感柔和。

图3

图4

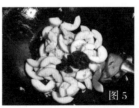
图5

图6

图7

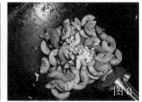
图8

瓜皮三丝卷

清爽利口，蘸酱味道更好。

　　酷暑中吃冰西瓜是让人兴奋的事情，那么吃完后的西瓜皮呢？其实西瓜皮也能吃的，做拌凉菜、拌饺子馅都很不错。

原料 （图1）

主料

西瓜皮、黄瓜、
葱白、干豆皮……各适量
要用干豆皮，西瓜皮越厚越好。

调料

甜面酱或炸酱……适量
此菜做法简单，用量可以依
个人喜好调整。

图1

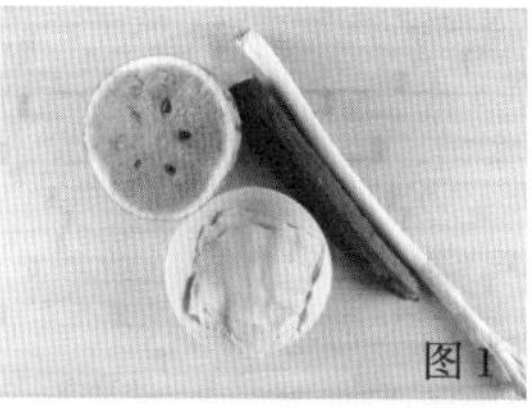

图2

图3

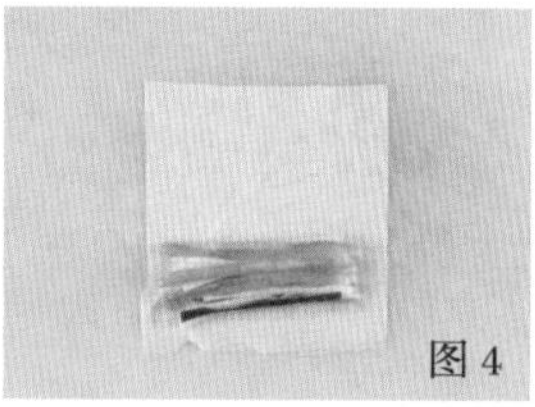

图4

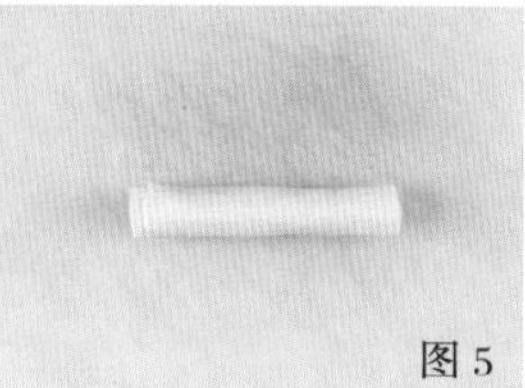

图5

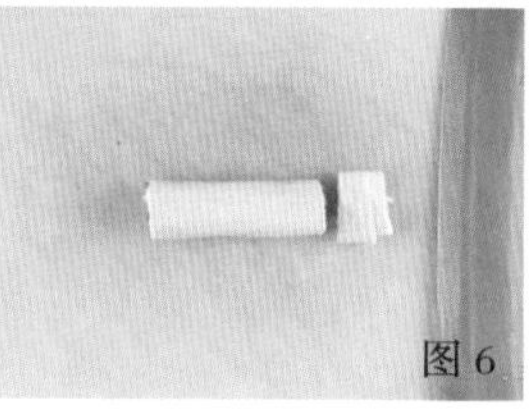

图6

做法

准备原料

① 黄瓜、葱白切丝，西瓜皮用外皮和红瓤之间的那层，带些红瓤也可以，切成丝备用（图2）。

焯豆皮

② 干豆皮用开水焯一下即捞出，用水冲凉（图3）。

卷三丝

③ 用豆皮把3种丝卷起来（图4、图5），用刀切去两头不齐之处（图6），摆盘便可，食用时蘸酱。

*干豆皮焯完后一定要放凉了才能包三丝，热豆皮包菜会有异味。

*蘸甜面酱最方便，不过用一点点肉末现炸一些黄酱，最后放葱蒜末，蘸着吃最香。

*西瓜皮焯一下挤干水分还可以做饺子馅，也非常好吃。

咸蛋黄焗南瓜

外边酥香，内里软烂，独有的咸蛋黄鲜味和南瓜甜味非常和谐地交融在一起。

鲜甜的香味在空气中弥漫，甚至带着一丝奶油气息，一盘金灿灿的"小棍"放在面前，仔细听好像还能听到表面发出"吱吱"的响声。"会被烫掉皮的！"暗暗告诫自己，但还是伸手提了起来。外层淡淡的酥黄鲜香，围裹着里边的暄松软糯，就这样，一根又一根，重复着机械动作，不舍停下来，直至盘净，舔着嘴角离去！

做法

准备原料

① 熟咸蛋黄用手捏或用勺压成粉状（图2），南瓜去皮后切成1厘米见方的粗条备用（图3）。

* 咸蛋黄有生有熟，辨别方法是用手捏。如果一捏就碎了，说明是熟的；

原　料	（图1）
主料	
南瓜……………	300克
调料	
淀粉……………	适量
咸蛋黄…………	2个
盐、白糖………	各少许

咸蛋黄要尽量用鸭蛋的而不是鸡蛋的。

图1

图2

图3

图4

图5

图6

图7

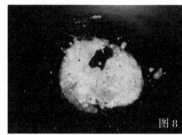
图8

图9

如果捏起来有一定弹性，那就是生的，需要提前蒸熟再凉凉，不然无法使用。

② 南瓜条放盘中，撒少许水拌匀，再放适量淀粉拌匀备用（图4、图5）。

*南瓜水分少，所以提前撒点水在南瓜表面拌匀，这样淀粉才能挂在南瓜上。

*南瓜上挂一层淀粉主要是让表面炸出来更酥一些，还能有效防止南瓜炸熟后变得软烂，起到固定形状的作用。

*淀粉不能太多，均匀地挂在南瓜上便可，否则既可能导致油变得混油，又会使南瓜条口感变差。

炸南瓜条

③ 炒锅内多倒些油，烧至七成热。将挂好淀粉的南瓜条放入油中（图6），用中火炸至表面金黄酥硬，约2分钟后捞出（图7）。

*油温要把握好，不能太低，否则南瓜一放下去，表面淀粉会由于油温低而脱落；也不能太高，否则南瓜表面颜色很快变得金黄，里边却还没熟。理想的油温是七成热，火力为中火，这样才能保持外表定型不烂，颜色金黄，而且南瓜可以熟透。如果不能确定油温，可以先投一根南瓜条试试，如果南瓜条下锅后立刻浮起来，并伴有大量泡沫，就是合适的油温了。

*南瓜条刚入锅的时候先不要搅动，以免其表面淀粉掉落，等炸20秒左右定型了再搅动，分开粘连的部分。

炒蛋黄

④ 把油倒出，留一点底油，开小火，把蛋黄碎放下去，炒出丰富的细沫（图8）。

*炒咸蛋黄的油别多了，平时炒菜用油的1/3就行，要用小火、温油，否则很快就会糊。

*咸蛋黄一放下去炒便会出现丰富的泡沫，这是正常的，这时会闻到酥香气，就可以放南瓜了。

炒南瓜

⑤ 放少许盐和白糖，炒匀，接着放入炸好的南瓜条轻轻炒匀，即可出锅（图9）。

*虽然咸蛋黄有咸味，但还不够，要额外放一点盐和白糖，让味道更厚重一些，但也别放多，一点便可。

*最后炒的过程不可翻炒或乱搅，要用铲子从底部铲几下，令南瓜均匀挂上蛋黄就出锅。

食材笔记

南瓜有两种，一种较瘦长，一种较矮胖。前者甜度更大，也更甘甜一些，且形状容易切条，但水分稍大，炸时容易烂；而后者水分相对较少，炸时不容易烂，甜度略逊，形状不易切条。

更上一层楼

如果想让这道菜的颜色更金黄、味道更香浓，可以放少量吉士粉。吉士粉其实也有添加剂，但是在粤菜中应用很广，尤其这道菜，用些吉士粉效果更好。

陆 蔬菜怡情

地三鲜

咸鲜锅气十足，下饭好菜。

　　素菜太素确实让人难过，地三鲜虽素，却是油炸完再烧，略增了些许"肥怡"，这也是中餐无油不欢的道理所在吧！

做法

准备原料

① 土豆和茄子去皮，均匀地切成滚刀块（图2）。青椒掰小块，葱切粒，蒜拍松备用（图3）。

炸制

② 炒锅烧热，多倒些油，烧至八成热，放入土豆，大火炸至表面金黄即捞出；接着再炸茄子，同样至表面金黄时捞出备用（图4）。

　*炸土豆和茄子的油温一定要高，否则土豆和茄子会很吸油。茄子本身就比其他蔬菜吸油，炸过的茄子要稍微压一下，把里边的油挤出来一些。只是注意别太用力，以免把茄子挤烂了！

炒制

③ 将锅中油倒出，留少许底油，先用大火煸炒一下青椒和葱蒜，再立刻倒酱油爆出香气（图5）。

　*因为土豆和茄子都是油炸过的，所以炒青椒的时候锅中留一点点底油就行了，千万别多。

　*青椒一定要先下锅煸炒一下，去掉生涩之气，如果不嫌油大，也可以在炸茄子后把青椒放油锅里过一下。

　*这道菜中爆酱油很重要，如果火力和油温跟不上，酱油没有爆出香气，味道就会差很多。

烧制

④ 倒入适量水，再放盐和白糖烧开（图6），将土豆和茄子倒入锅中，大火烧1分钟（图7），淀粉勾芡即可出锅（图8）。

　*烧制的时间不可太长，否则青椒变黄，茄子变烂，这道菜就"形象全无"了。芡汁主要用来提味。

　*汤汁量要足，否则勾芡时无法均匀地挂在食材上，影响整体味道。

原　料　　　　（图1）

主料

土豆	250 克
茄子	250 克
青椒	150 克

茄子用长的或圆的都可以，也可以不去皮。青椒要用厚实些的。

调料

酱油	15 克
白糖	5 克
盐	1 克
葱蒜	各适量
淀粉	适量

陆　蔬菜怡情

图1

图2

图3

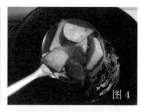

图4

图5

图6

图7

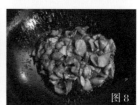

图8

腊肉烧茄子

茄子软烂，腊肉鲜重，咸鱼口味。

　　不用油烧出来的茄子有一种家常的味道，腊肉的加入，弥补了原有色泽、气味的单调，使这道菜愈发诱人了。

做法

准备原料

① 茄子去皮后切成1.5厘米的条（图2），腊肉切片（图3），葱切末，大蒜一半切片、一半切末，香菜切小段备用。

　　*如果用的是广东腊肉，炒制时就不用放白糖了。

炒腊肉

② 炒锅烧至五成热，倒入适量油，放腊肉用中火炒一下，立刻下葱末和蒜片转大火炒香，再放少许黄酒爆一下（图4）。

　　*腊肉在油中炒两下就行，不要炒太长时间，以免水分流失。

炒茄子

③ 放入茄条，开大火炒，放盐（图5），炒1分钟左右，待茄子有些软了，放酱油继续炒一会儿。

　　*茄子下锅后炒几下会瞬间把油吸干，但是此时千万不要再放油了，烧到最后茄子软了，油还会吐出来的。

　　*茄子下锅后就要放盐，可以让茄子软化得快一些。

烧茄子

④ 倒适量热水，用大火烧开，放白糖，加锅盖，小火慢烧10分钟左右（图6），烧够时间后，放香菜末和蒜末（图7），开大火炒匀即可出锅（图8）。

　　*烧茄子的水量别太大，有一点就可以了，因为茄子本身也会出水，水再加多了菜的味道会变淡。

　　*最后的香菜和蒜有着举足轻重的作用，尽量多放。如果汤汁略多，可以勾个芡，味道会更浓。

原 料	（图1）
主料	
圆茄 …………… 500克	
长茄、圆茄均可，挑选籽少的为好。	
辅料	
腊肉 ……………80克	
腊肉选四川产或广东产的都行，带点肥的更好。	
调料	
黄酒 ………… 5克	
酱油 ………… 10克	
白糖 ………… 2克	
盐 ………… 2克	
葱蒜、香菜 …… 各适量	

陆　蔬菜怡情

图1

图2

图3

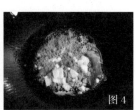
图4

图5

图6

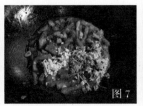
图7

图8

西红柿烩茄丝

茄丝柔软中带着筋道，咸鲜微甜。

　　不费油，不用烧，炒几下就带着浓香出锅了。天底下能找到这样的菜吗？答案是肯定的，简单至极的一道菜，马上为你揭晓！

做法

准备原料

① 茄子去皮、切厚片，再切成筷子粗细的丝，用盐拌匀，腌20分钟左右（图2），待茄丝腌软后用双手使劲攥出水分备用（图3）。西红柿切小块，香菜切段，葱蒜分开切末（图4）。

*腌茄丝的时候盐太少不行，那样无法把茄丝腌软，更不用说腌出水了；但也别太多，以免太咸。

*腌完的茄丝一定要使劲用双手把多余的水分攥出来，一是去除过多的盐分，二是令茄丝变软。

炒茄子和西红柿

② 锅中放适量油烧热，先下适量葱末炒香，然后放茄丝，用中大火煸炒5分钟左右（图5）。接着放西红柿再炒一会儿（图6），然后加酱油和白糖炒匀（图7），最后加入香菜段和蒜末炒匀，即可出锅（图8）。

*茄丝在锅里多炒一会儿，可以用大火，注意经常翻动即可。

*炒制的时候千万不能再放盐，加一点酱油就可以。

*整个炒制过程中，茄丝有越炒越黏的感觉，如太黏可适当放一点点水。调料一定要炒匀，不用勾芡。

原　料	（图1）
主料	
圆茄	600 克
建议用圆茄，方便切丝。	
辅料	
西红柿	1 个
调料	
盐	8 克
酱油	10 克
白糖	5 克
香菜、葱蒜	各适量

陆 蔬菜怡情

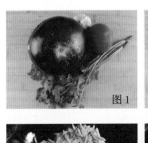
图1

图2

图3

图4

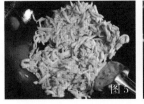
图5

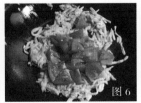
图6

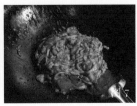
图7

图8

鱼香鲜虾茄盒

外酥里嫩，虾胶弹牙，茄子软烂，再配以咸辣微酸甜的鱼香汁，味道好极了。

　　一个大大的、脆脆的茄盒子，从空中硬生生地掉在桌面上，刹那间溅起无数的油渣，发出咔咔的声响。空气中弥散着焦香的气息，外壳被破坏，露出吓得脸色惨白的茄子和热得浑身通红的虾饼，一缕热气乘机溜出来袅袅而上……

做法

制作虾胶

① 鲜虾去皮、去虾线，洗净，用布把水吸干，虾仁用刀压烂，加盐，用刀背将虾仁剁成细末，放碗中朝一个方向不停地搅拌，放少许淀粉拌匀再摔打一会儿，用保鲜膜封起来，放入冰箱冷藏（图2）。

* 要用刀背把虾肉剁成泥，做虾胶效果才好。

* 虾胶中可以再放一些蛋清和肥肉馅，口感会更滋润。另外，一定要多摔打几下，这样虾胶才会有弹牙的感觉。

准备其他原料

② 茄子去皮后切成0.5厘米厚的片（图3），葱姜蒜切末，泡辣椒剁细（图4）。将所有鱼香汁调料倒入碗中调匀。

原　料	（图1）
主料	
长茄…………………… 适量	
鲜虾………………… 200 克	
茄子选长的最好，切片方便，口感更嫩。虾最好用鲜虾。	
鱼香汁调料	
酱油………………… 10 克	
白糖………………… 15 克	
米醋………………… 15 克	
黄酒………………… 10 克	
清水………………… 30 克	
酥炸糊调料	
淀粉………………… 25 克	
面粉………………… 25 克	
鸡蛋………………… 1 个	
其他调料	
泡辣椒……………… 30 克	
姜蒜………………各 15 克	
葱…………………… 20 克	
盐…………………… 1 克	

图1

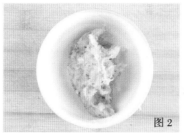

图2

图3

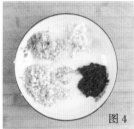

图4

图5

图6

图7

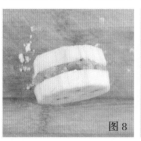

图8

图9

图10

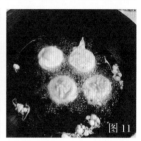

图11

③ 将酥炸糊调料放在一起调匀（图5），然后一点点地加水调至浓稠，至能挂上筷子为好（图6）。

* 酥炸糊要调得稍微稠一些才能完全挂在茄盒上。

* 糊的比例不是固定的，如果想更酥脆一些，就多一点淀粉。不过比例和原配方不能相差太大。

④ 取两片茄子，表面抹少许淀粉，将适量虾胶放在两片茄子中间，用些力气夹紧便可（图7、图8）。

* 茄片上抹一点淀粉，可以让虾胶粘得更牢固。

* 也可以不把茄子切断，把虾胶塞进去。

炒鱼香汁

⑤ 炒锅中放少许油，用中小火煸炒泡辣椒细末，约20秒，放入一半的葱末和所有姜蒜末，用中火煸炒出香气，约10秒（图9）。开大火，将调好的鱼香汁全部倒进锅中，烧开后将另一半葱末放下去，即可出锅（图10）。

* 泡辣椒刚炒的时候会有生酸味，炒一会儿生酸味减轻，证明炒得差不多了。

* 最后放另一半葱会使鱼香汁的味道更浓郁，也可以稍微勾一点芡。

炸茄盒

⑥ 锅烧热，多倒些油，烧至六七成热，将做好的茄盒在调好的酥炸糊中蘸一下，令其外部均匀地挂上糊，放进锅中，用中大火炸至表面金黄（图11），最后开大火再炸一下即捞出，浇或者蘸鱼香汁就可以了。

* 如果希望外壳口感更加酥脆，那么把茄盒炸完捞出后，再次把油烧至八成热，将炸过的茄盒放下去再炸一下即可。

* 炸好的菜讲究趁热吃，但并不是说刚从油锅里捞出来就吃，其一是容易把嘴烫伤，其二是刚从油锅里捞出时其实并不酥脆。最好的时机是出锅后放上1分钟左右，只有和空气接触一下，才会变得酥脆。

灵活运用

除了茄片，也可以用藕片来做这道菜，炸藕盒也非常有名，口感更脆嫩。

另外，这种酥炸菜蘸鱼香汁的方法是川式的，要是按北方的吃法就是蘸花椒盐，味道也非常好。

陆 蔬菜怡情

拌茄泥

麻酱味浓，带醋蒜香气，软烂。

　　茄泥是老北京饭馆里最常见的一道小菜，凉爽清口，尤其是在炎热的夏天，来一大勺，真是让人清凉到底呀！

原 料　　（图1）

主料

圆茄·············· 约500克

通常用大圆茄来做，如果没有，用长茄也可以。

调料

芝麻酱··············· 25克

醋··············· 15克

白糖··············· 3克

盐··············· 1克

蒜、香菜·········· 各适量

做法

准备原料

① 茄子去皮，切成厚约2厘米的大片，放蒸锅中蒸10~15分钟就完全软了（图2）。芝麻酱用一点点水调匀备用（图3）。

　*茄子蒸完会有很多水分，直接拌会太稀，一般的做法就是用干净纱布攒一下，去除多余水分。

　*如果芝麻酱比较稀，就不必用水调了。

蒸茄子

② 蒸好的茄子凉凉后稍微挤一下，去除多余水分，用勺子压烂，放调好的芝麻酱和少许白糖搅匀（图4），接着放醋搅匀（图5），最后放蒜末、香菜和盐，拌匀即可（图6）。

　*茄子一定要凉凉了才能拌，否则醋的味道会变，而且香菜和蒜受热后味道也会变得不好。

　*提前做好，放冰箱里冰镇一下更好吃。

图1

图2

图3

图4

图5

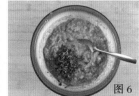
图6

芫爆茄丝

香菜味儿浓郁，茄丝软滑。

又一道茄丝菜，用的是山东芫爆调味方法。香菜和蒜末依然是全菜味道的主角，茄丝还是那个茄丝，味道却是另一番天地！

原料 （图1）

主料

圆茄	500 克
香菜	80 克

芫爆汁调料

黄酒	20 克
米醋	3 克
胡椒粉	2 克
香油	3 克
葱蒜末	各 5 克

其他调料

盐	8 克

图1

图2

图3

图4

图5

图6

做法

准备原料

① 茄子去皮、切厚片，再切成筷子粗细的丝，用盐拌匀，腌 20 分钟至软（图2），接着用双手攥出水分备用（图3）。香菜切段，把所有芫爆汁调料放进碗中调匀（图4）。

* 茄子一定要去皮，不然口感不好。

* 胡椒粉对于这道菜来说很重要，量要大一些。

炒制

② 炒锅烧至六成热，倒适量油，放入茄丝大火煸炒五六分钟至熟（图5），将调好的芫爆汁和香菜段一起倒进锅中，大火快速炒开炒散，出锅就成了（图6）。

* 炒茄丝的时候不要过于频繁地翻动，否则茄丝容易断。

* 茄丝已经用盐腌过，炒制时不用再放盐了。

尖椒炒肉

尖椒的清辣之气融入肉中，两相宜。

　　试过用少许水把尖椒和肉烧几分钟吗？软软的口感，依旧香辣的滋味，能不能给你一个更宽广的思路呢？

做法

准备原料

① 猪肉切薄片，用腌肉调料抓匀（图2）；尖椒去蒂不去籽，斜切成环状（图3）；葱切片、姜蒜切末备用。

*尖椒籽才是最香的，平时往往由于怕辣而去除，这道菜中不必如此。

炒肉片和尖椒

② 炒锅放适量油，烧至六七成热，下肉片和葱姜蒜炒散，放黄酒爆香（图4），接着下尖椒，放盐，用大火炒约3分钟，至稍微有点发软（图5）。

*这一步一定要用大火炒，这样才会出香气。

烧制

③ 放酱油炒香，加少许热水，加白糖，点几滴醋，烧开后转中小火，加盖焖5分钟（图6）。5分钟后开盖，大火收汁至油亮，就可以了（图7）。

*一定要把尖椒焖软了才能显现出这道菜的特色，如果炒得不软不硬，反而影响口感和味道。

*放一点醋是为了提香，不可多放，不能吃出酸味来。

*这道菜放凉了也很好吃。

原料 （图1）

主料

尖椒……………… 250克

猪肉……………… 100克

不能用青椒，没有辣味。特别喜欢吃辣的可以选小尖椒。

腌肉调料

酱油…………… 5克

淀粉…………… 少许

其他调料

黄酒……………10克

酱油……………15克

盐………………1克

白糖…………… 5克

醋………………几滴

葱姜蒜………各5克

陆 蔬菜怡情

图1

图2

图3

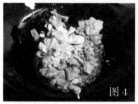

图4

图5

图6

图7

195

蒜薹炒肉

蒜薹清脆，肉丝鲜嫩、咸鲜。

以鸡蛋西红柿为代表的 AB 型菜式似乎都是好吃又好做的，这道菜却是个例外。有没有发现，蒜薹很容易被炒蔫儿了，要不就是吃着辣嘴。这是因为和肉丝相比，蒜薹不太好熟，如果将蒜薹和肉丝一起炒，肉丝变老了，蒜薹还没熟。至于怎么解决，聪明的读者，你想出来了吗？

做法

准备原料

① 蒜薹去两头，切成段（图2）；葱姜切末；猪肉切成丝，用腌肉调料拌匀（图3）。

* 肉丝在这里是配角，所以不必刻意地去整治，稍微腌腌就行。

② 将味汁调料全部放入一个碗中调匀备用。

* 调汁的时候清水少放一点，淀粉则要多放一些，这样炒出来才不会有汤。

炒蒜薹

③ 炒锅倒少量油，烧至五六成热，放入蒜薹大火爆炒2分钟左右，盛出来备用。

* 蒜薹不太好熟，所以先单独炒一下，之后再和肉丝一起炒，就能同时熟。

* 之所以用油炒而不是用水焯，是因为焯过的蒜薹水汽大，香气肯定不足。但因为此时不必炒太熟，所以不需要很多油。

一起炒

④ 锅中再倒少许油，烧至六成热，先放干辣椒，用大火炸至棕红色，接着快速放入肉丝、甜面酱和少许葱姜末炒散（图4）。

* 整体速度要快，因为干辣椒很容易煳，甜面酱也需要快速炒开，否则容易成团。

⑤ 炒至肉丝表面完全变色后，放入炒过的蒜薹继续用大火炒2分钟（图5）。最后，把调好的味汁倒进去，炒匀收汁出锅就可以了（图6）。

* 蒜薹很难挂上汁，只要肉丝挂上就行了，但要注意盛盘后不能流出汁来。这考验的就是调汁勾芡的能力。

原料 （图1）

主料	
蒜薹	200 克
猪肉	100 克

这道菜对肉的部位要求不高，带点肥的更香，这里用的是后腿肉。
买蒜薹时要用手掐一下，看看脆嫩程度。

腌肉调料	
黄酒	5 克
酱油	5 克
淀粉	少许

味汁调料	
黄酒	10 克
酱油	10 克
盐	1 克
香油	少许
清水、淀粉	各少许

其他调料	
干辣椒	1 个
甜面酱	10 克
葱姜	各少许

陆 蔬菜怡情

图1

图2

图3

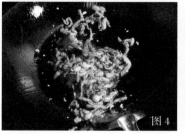

图4

图5

图6

腐竹烧肉片

咸鲜，腐竹柔软，肉片滑嫩。

腐竹是大家都很喜欢吃的一种豆制品，其烹调方法以凉拌为主。其实，腐竹做热菜也很好吃，做法也不麻烦。只要提前用凉水把腐竹慢慢泡开，就会带来和凉拌不同的、软软的口感。这道菜中的肉片也很鲜嫩，所以，别犹豫了，把澳洲龙虾扔进垃圾桶，让我们一起来烧腐竹吧！

原料 （图1）

主料

干腐竹	200 克
瘦肉	100 克

腐竹要买品质好的，否则泡过水再炒容易糟烂。
可以用猪里脊、梅花肉等，只要是瘦肉就可以。

腌肉调料

黄酒	5 克
酱油	5 克
淀粉	少许

其他调料

酱油	10 克
蚝油	15 克
白糖	5 克
盐	1 克
姜蒜	各适量
淀粉	适量

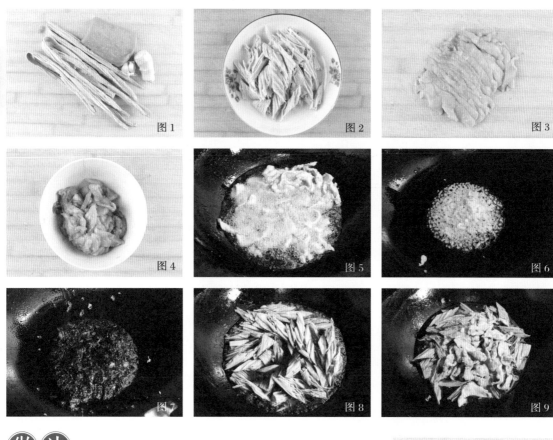

图1　图2　图3
图4　图5　图6
图7　图8　图9

准备原料

① 腐竹用凉水泡至完全柔软、没有硬心，斜刀切小段（图2），瘦肉切薄片备用（图3）。姜蒜切末备用。淀粉加水调成芡汁备用。

* 腐竹要提前两三小时泡，否则没法完全泡软，用手捏一下会发现中间有硬心。注意不能用热水泡，否则很容易糟烂。

* 瘦肉要逆着纹理切成肉片。

腌肉

② 将腌肉调料放进肉片中，抓匀备用（图4）。

* 先下黄酒和酱油抓匀，再下淀粉抓匀。

肉片滑油

③ 锅烧热，放适量油，大火烧至五成热，转中火把肉片滑至七八成熟（图5），盛出备用。

* 如果肉片直接下锅炒熟并和腐竹一起烧，那么肉片的口感会变得很老，所以要提前加工，最后再烧一下就好。

* 肉片不用滑至全熟，如果这时滑熟，之后再和腐竹一起烧，就无法保持其滑嫩的口感了。

烧制

④ 将油倒出一部分，锅留底油，烧热，先用大火煸炒姜蒜末（图6），接着下酱油爆香（图7），倒适量热水，放白糖、盐、蚝油烧开，再加入切好的腐竹（图8），用中火烧两三分钟，随后放入滑过的肉片烧半分钟（图9），勾芡，出锅即成。

* 酱油一定要在热锅里爆一下才会更香，且能去掉生酱油的味道。

* 烧腐竹的水要稍微多一些，因为腐竹有很多孔，特别吸水，如果水少了很快就会烧干，最后就没法勾芡。如果水放多了，当你把菜品盛到盘子里准备吃的时候，就会发现盘子里又有多余的水分。因此，水要足够才能勾出合适的芡汁，但也不可走极端，应适量。

* 最后下肉片的时候要注意倒干净盘子里残留的油和水，烧熟后立即勾芡出锅，否则时间长了肉片会变老。

懒人妙招

如果觉得肉片滑油很麻烦，可以放少许油炒一下再盛出来，效果相似。

更上一层楼

如果用温油慢慢炸干腐竹，然后再烧，就是另外一种感觉——口感筋道、柔嫩，且能吸收更多的汤汁，非常入味。虽然做起来有些麻烦，而且费油，但那种味道是水泡的腐竹无法比拟的，非常值得一试！

陆　蔬菜怡情

蚂蚁上树

粉条软糯，吸收了咸鲜微麻辣的汤汁，红亮又热辣。

蚂蚁上树是经典川菜之一，「树」是粉条或粉丝，「蚂蚁」是牛肉末或猪肉末。这道菜最大的特点是下饭，夹起吸足汤汁的粉条，上边沾满了牛肉末，轻轻放在米饭上，瞬间米饭变成红色。用筷子拨一大口饭和粉条进入嘴里，微辣又带着些许麻香，浓郁的牛肉味和粉条的软糯口感带领品尝者走进一场味觉的盛会！一道简单且成本低廉的菜便能给你带来如此的享受。

原　料 （图1）

主料

干粉条	120 克
牛肉	100 克

粉丝或粉条均可。粉丝的缺点是很快会黏成一团，但其优点是细，能吸收更多的味道。不管哪一种，最好选择上好的土豆粉或者红薯粉。肉类主料用牛肉最香，猪肉也可以。

辅料

芹菜	适量

调料

郫县豆瓣	25 克
黄酒	10 克
花椒油	2 克
白糖	5 克
黄豆酱油	10 克
姜	适量

图 1

图 2

图 3

图 4

图 5

图 6

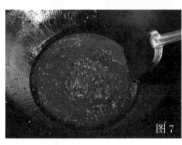
图 7

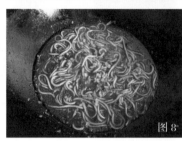
图 8

做法

准备原料

① 将粉条用热水泡软（图2），牛肉切细末，芹菜切成细粒，姜切细末，郫县豆瓣剁细备用（图3）。

* 粉条要泡至完全软，牛肉末切得越细越好，这样才能挂在粉条上。

* 郫县豆瓣也要剁得极细，红油和香气才能充分释放出来。

煸炒

② 锅中倒适量油，烧至四五成热，下牛肉末和姜末，中火煸炒出水汽，约2分钟（图4）。接着下郫县豆瓣酱，中小火慢炒（图5），直到出红油和香气（图6）。然后放黄酒和酱油，开大火迅速炒一下，立刻放适量热水，加白糖和花椒油烧开（图7）。

* 炒这道菜放的油量要比平时炒菜多一些，因为要煸炒牛肉末和郫县豆瓣，如果油太少就炒不开，香气也出不来，而且会煳锅。

* 刚炒牛肉末的时候因为牛肉受热出水，肉馅处于水油混合状态，慢慢炒一会儿水分蒸发，牛肉末变干，只剩油，就是放郫县豆瓣的最佳时机。

* 加入黄酒和酱油后需要大火快炒，因为郫县豆瓣已经炒够火候，如再大火炒太久，必定煳锅。

烧粉丝

③ 将泡好的粉条放进汤中，大火烧开后转中火烧三四分钟，放切细的芹菜粒炒匀就可以了（图8）。

* 水量不必太大，出锅后还能剩少许汤就可以了。如果水放太多，等把汤收得差不多时，粉条已经烂了；如果水放太少，出锅后粉条会继续吸收水分，最后菜品就没有"形"了。

* 这里放芹菜一是起到解腻、丰富口感的作用，二也有点缀之功。

* 郫县豆瓣和酱油都有咸味，因此不必另外放盐。

更上一层楼

在经典川菜烹饪手法中，除了像这样用干粉条泡发，还有一种是将粉条炸过后再进行下一步制作。因为粉条遇热或者遇热油，就会像炸虾片一样变得白胀，这样直接扔汤里烧软，口感极佳。另外，牛肉末直接炒可能会成团，不容易挂上粉条，要是不嫌麻烦，可以将牛肉末煸炒两次，先在锅中炒一次，取出来剁一会儿，再炒，这样能使牛肉更好地挂在粉条上。

酱爆鲜菇

酱香气浓郁，鲜菇柔韧入味。

　　这道菜的要点在于爆酱油，酱油爆香了，味道自然出来，可以像吃肉一样去吃蘑菇丝，对蘑菇有偏见的朋友可以试试！

原　料　（图1）

主料

蘑菇………………… 250克

做这道菜要选个头大、肉厚的蘑菇，如杏鲍菇、白灵菇等。而如果是小蘑菇，可以切成小片来炒。

调料

酱油…………………… 15克
白糖…………………… 5克
香葱…………………… 适量
姜蒜………………… 各少许

这道菜只放酱油就可以了，不用放盐。不喜欢放葱的朋友可以用蒜代替。

做法

准备原料

① 蘑菇洗净，切成0.5厘米粗的丝备用（图2）。香葱切小粒，姜蒜切末（图3）。

　*蘑菇有些韧性，容易回弹切到手，如果刀钝，切的时候要小心。

爆炒调料

② 炒锅倒适量油，烧至七八成热，放入一半香葱粒和姜蒜末大火爆香，待有些焦黄时，倒入酱油爆出香气（图4）。

　*爆酱油是一种独特的炒法，可以把生酱油的味道去掉，激发出香气。

炒蘑菇

③ 紧接着立刻将蘑菇丝放入锅中用大火炒，至蘑菇丝变软，再加少许白糖（图5），最后将另一半香葱粒倒下去，勾少许芡即可出锅（图6）。

　*炒到最后会出一些水，可以稍微勾点芡，味道更浓厚，不勾也可以。

图1

图2

图3

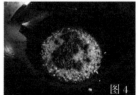
图4

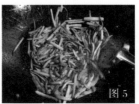
图5

图6

冰爽椒香菜花

麻香气十足，菜花清凉脆爽。

没有花样繁多的技巧，没有雾霾般迷幻的调料，只有一个令根茎类菜口感更清脆爽口的方法，简单且实用！

原料 （图1）

主料

散菜花……………… 适量

散菜花本身的口感就比较脆，如果是抱团的菜花，其口感是面的。

调料

盐、白糖、蒜末、
花椒油、辣椒油… 各少许

花椒油可以到商店购买，自家炸的花椒油味道略逊于购买的。此菜简单，用量可以依个人喜好调整。

做法

焯菜花

① 菜花择洗干净，掰成小块（图2）。锅中加水烧开，放一些盐，将菜花放进去焯半分钟（图3），捞出后直接放进有冰块的冰水里冷镇（图4）。

* 菜花焯一下就可以，时间太久则口感不脆。焯菜花时放盐可以让菜花更有绿意。

* 冰水要带冰块的，这样热菜花放下去水温才不会上升得太快，才能完全把菜花镇凉，产生脆爽的口感。

加调料

② 菜花完全镇凉后先把水滗干，放进碗中，加盐、白糖、蒜末、花椒油和辣椒油拌匀就成了（图5）。

* 这道菜中花椒油和蒜末是必不可少的，加辣椒油会更香，白糖少放一点可以提鲜: 麻香配蒜香，很棒！

图1

图2

图3

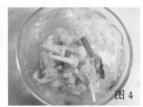
图4

图5

素什锦

营养丰富，咸鲜利口。

　　小时候家里招待客人最常见的一道凉菜便是素什锦，下酒极为适意，颜色也漂亮，总能引得客人的目光久久不愿离去。

做法

煮花生米

① 锅中放水和花生米，烧开后，放少许花椒和八角，加盖，小火煮 40 分钟，最后放些盐泡一会儿，捞出凉凉（图2）。

* 煮花生米的量如果很大，就用纱布把八角和花椒包上，避免花椒和花生米混在一起不好挑出。煮的时候不要放盐，否则花生会变黑，最后煮完了再放盐泡就行。

蔬菜切丁

② 银耳用凉水泡半小时，撕小块备用（图3）。将所有蔬菜和豆腐干切丁，分开备用（图4）。锅中水烧开，放少许盐，将其中需要焯水的芹菜丁、胡萝卜丁和银耳稍微焯一下即可，然后捞出来过一下冷水（图5），和其他蔬菜丁放一起。

* 所有焯过的蔬菜都必须凉凉了才能一起拌，不然口味会不好。

调味汁

③ 大蒜加盐，捣成泥，放入小碗中，倒香油，放少许白糖调匀，呈稀糊状，味汁就调好了，倒在菜上拌匀即可（图6）。

* 拌素菜本身没有太多的味道，也不放味精，因此香油很重要，也很提味，一定要多放一些，否则味道不够，要让油带着其他味道挂在菜上才好吃。
* 放白糖为了让味道厚重一些，但不能有甜味。
* 拌凉菜用的蒜一般都是要捣成泥才出味儿，直接用刀剁的味道不是很好。

原料　（图1）

主料

芹菜、黄瓜、小萝卜、胡萝卜、豆腐干、花生米、银耳……各适量

可用新鲜的蔬菜随意搭配。这里列举的只是较为常见的几种蔬菜，其他能切丁的蔬菜也都可以进行替换。除了豆腐干，北方的朋友还可以用熏干，香气十足。

调料

花椒、八角、大蒜、盐、香油、白糖……各适量

此菜简单，调料用量可以按个人喜好调整。

陆　蔬菜怡情

图1

图2

图3

图4

图5

图6

第七章

五谷养人

一碗饭，一盆面，一张饼，一屉包……

在民以食为天的中国，
主食的数量丰富到足以天天不重样。
五谷的能量是人体所必需的，
想做好由五谷衍生出来的各式主食，
得先放下创新，
最基本的家常传统制法才是必修之功！

黄焖鸡米饭

鸡肉和米饭焖在一起，鸡肉软嫩，米饭弹牙，咸鲜味浓。

黄焖鸡米饭咸鲜喷香，制作起来方便快捷，这也是大街小巷一夜之间钻出无数个名叫「黄焖鸡米饭」的小饭馆的原因。

不过，想在众多小馆子中搜寻出没有放太多鸡精、味精的，恐怕是「难于上青天」。为了健康，不妨在家自己试试改良版！

图1

图2

图3

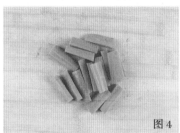

图4

图5

图6

图7

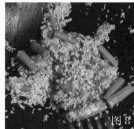

图8

图9

图10

做法

准备原料

① 鸡翅两面划两刀以便入味（图2），用腌肉调料腌半小时（图3）。胡萝卜切小条（图4）。

  *鸡翅或鸡肉一定要提前腌，一是去腥，二是添加底味，否则直接焖出来的鸡肉底味不够。

② 大米用水提前泡1小时备用。

  *大米尽量提前泡，这样既省火，又能获得更好的口感。泡过的大米在烹调过程中加水的量就要少些，否则米饭会变得过于黏稠，没有弹牙的口感。

  *如果实在没有时间泡大米，也可以直接用，但是后边水就要放多一些。

煎鸡肉

③ 炒锅烧热，倒一点油，放入鸡翅，用中火将两面煎黄，此时鸡翅约七成熟（图5）。

  *鸡翅或鸡肉腌完后要先煎一下再和米饭一起焖，因为煎过的鸡肉能够把腌制的味道完全吸收进肉中，而且可以把鸡肉中多余的油脂逼出。这也就要求煎鸡肉的时候尽量少放油。

炒蔬菜和米饭

④ 接着放入胡萝卜和葱姜末，用大火炒出香气（图6）。大米滗干水放进锅中（图7），和所有原料一起用大火炒半分钟（图8），放适量生抽、蚝油、黄酒和少许老抽上色后炒匀（图9）。

焖米饭

⑤ 加入适量热水烧开，最后倒入砂锅，用中小火煲20分钟即可（图10）。

  *焖饭时还要考虑到蔬菜和肉类在焖的同时会出一部分水，所以在加水时量要稍微减少一些，否则很有可能焖出来的米饭太软太烂，丧失口感。

  *鸡肉已有底味，米饭中又放了生抽和蚝油，咸味足够，不必另外放盐。

  *如果想吃锅巴，所有食材倒入砂锅后要记得用最小火慢慢焖。

灵活运用

有了这个方法，可以将鸡肉换成其他肉类，只是每种肉火候要求不同，要酌情处理。另外，调料方面也可以发挥个人的创造力。比如口味偏咸，可以用酱油或黄豆酱代替生抽和老抽；爱吃辣的可以换上辣椒酱；喜欢香料的可以换上咖喱酱，焖饭的时候再稍微放一点点八角和香叶，等等。

台式卤肉饭

炸葱蒜使得卤肉香气更足，汤汁拌饭一流。

相信在很多人的印象中，从小最喜欢的主食其实是菜汤泡饭。和现在一口白饭一口菜的吃法大相径庭，菜汤泡饭讲究的就是"风卷残云"，几勺子下去，一碗饭就见了底儿，滋润之极，这样才叫吃得过瘾、吃得酣畅，绝不能故作矜持。卤肉饭可以说是汤泡饭的经典升华版本，汤汁更浓郁，肉臊也给力，再配半个卤蛋、一小碟鲜艳的泡菜，一顿看似简单的饭也会变得如此璀璨！

做法

准备原料

① 干葱切片，香葱切长段，蒜瓣一分为二，海米剁碎备用（图2）。

② 五花肉刮皮后清洗干净，冷水下锅，放少许葱段和姜片，大火煮开，小火煮10分钟左右（图3），捞出来切成小丁备用（图4）。

* 猪肉皮要刮一下，若有毛会影响口感。猪肉丁大小按个人喜好即可。

* 猪肉整块煮一下可以把更多香气保留在肉内，如果切小丁再煮，肉汁和香气会流失很多。

原 料	（图1）
主料	
精五花肉	500 克
最好用五花肉，有肥肉才香。	
辅料	
海米	15 克
调料	
干葱	10 个
香葱	1 把
蒜	8 瓣
葱姜	少许
酱油	15 克
米酒或黄酒	20 克
盐	3 克
白糖	15 克
八角	2 个
甘草	3 粒

干葱可增添卤肉饭的香气，如果没有，也可以替换成半个洋葱。

图1 图2 图3 图4 图5 图6 图7 图8 图9 图10 图11 图12

炸红葱酥、香葱和蒜

③ 锅中多放些油，烧至四五成热，放入干葱，中小火炸至金黄色捞出——此即红葱酥（图5）。炸完干葱接着炸香葱至焦黄，捞出后再炸蒜至金黄捞出（图6）。

* 炸这3种配料需按顺序来，不要乱，油温保持在五成热左右，用中火或大火，视灶的火力情况而定。油太热容易导致表面煳而内里水分很多，达不到焦香的效果；油太凉更无法做出焦香味，所以油温要掌握好，最后炸蒜的时候可以适当把油温提高一些或者加大火力，因为蒜肉厚、水分大，不容易炸金黄，油温高些才行。

炒肉丁

④ 锅中油倒出，留少许底油，烧至四五成热，先用小火炒海米碎，约10秒（图7），接着开大火，放入酱油和白糖炒出香气（图8），然后把肉丁倒进去，用大火炒15秒上色（图9）。

* 海米要用温油炒，千万不要大火热油，以免煳锅且出不来味道，炒完后开大火时立刻放酱油，否则海米还会煳。

烧制

⑤ 放米酒或黄酒爆香，倒热水，水没过肉约1厘米（图10），将炸好的红葱酥、香葱和蒜倒入锅中（图11），再放八角和甘草，最后放盐，大火烧开，加盖，小火慢煮40分钟左右即可（图12）。吃时连汤带肉浇在饭上。

* 水不能太少，因为最后要有一些汤汁来拌饭，但也不能太多，否则会把肉味全吸走。

* 如果口味重，可以再加少许老抽调色，令菜品显得更有食欲。

* 煮肉的时间视肉丁的大小而定，如果肉丁切得很小，那么20分钟就差不多了。

食材笔记

干葱是一种特别小的洋葱，但和一般的洋葱品种不一样，在台湾叫红葱头，味道比洋葱好很多。粤菜以及东南亚菜品经常用到。如果买不到干葱，用洋葱也可以。

米酒也是台湾菜里用得比较多的一种调料，如果没有，用黄酒或者醪糟汁也可以，醪糟有甜味，用它烹饪时就要少放白糖。

其实卤肉和红烧肉相似，最大的不同便在调料上——炸红葱酥和海米，海米的鲜香使得卤肉的味道更加有层次，红葱酥和炸葱蒜会让整体的香气更加浓郁。吃腻了红烧肉，换着做做卤肉，也是不错的体验。

柒　五谷养人

211

尖椒茄丁面

咸鲜口味，茄丁软烂，尖椒辣香。

一大勺卤浇在面上，茄丁慢慢散开，一缕白汽直冲屋顶。坐下来，剥两瓣大蒜，一口蒜，一口面，这时候谁也别动我，谁动我跟谁急！

做法

准备原料

① 茄子洗净，不用去皮，切成1.5厘米大小的丁（图2），尖椒切三角块，肉切小粒，葱姜蒜切碎（图3）。

② 锅中放适量水烧开，放入面条，煮熟捞出备用。

> *茄丁不能切太小，否则很容易烧成烂泥。

煸炒肉粒

③ 锅烧热倒油，油量要比平时炒菜多一些，烧至六成热时放入肉粒，中火煸炒20秒左右，接着下葱姜蒜和少许黄豆酱炒香（图4）。

> *黄豆酱要少放一点，多了容易粘锅，怕煳就放完水再放黄豆酱。

炒茄子

④ 接着放入茄丁，大火炒半分钟，把茄丁往四周拨开，中间露出锅底，放酱油爆香（图5），再炒半分钟，至茄子变软（图6）。

> *酱油可以稍微多一点，颜色深些没关系。

烧茄子

⑤ 倒入热水，接着放盐，大火烧开后转小火加盖烧10分钟左右（图7），最后把尖椒放下去拌匀，再烧5分钟就可以了。

> *这道菜的味道要重些，盐别太少。
> *烧茄子的时间视茄子的软烂程度而定，这里给出的只是基本时间。
> *尖椒放进锅中时尽量埋在茄子下面，不然在上面不是烧熟而是蒸熟的，味道无法融合，不好吃。

⑥ 用淀粉加清水勾适量芡汁（图8），浇在煮好的面条上即可。

> *芡不用勾得太浓，稍微有点黏性就可以，主要是为了在面条上挂味。

原料 （图1）

主料

面粉……………… 适量

面条最好自己擀，和面的时候放一些碱会更筋道。

辅料

五花肉……………… 适量

茄子……………… 1个

尖椒……………… 两小根

肉要肥些才好吃。长茄、圆茄都行。尖椒要稍微辣些的，否则清香的味道出不来。

调料

黄豆酱、葱姜蒜… 各少许

酱油、盐………… 各适量

淀粉……………… 适量

此菜做法简单，依个人口味调整调料用量即可。

图1　图2　图3　图4　图5　图6　图7　图8

热汤面

汤面浓稠，咸鲜带酸香气。

　　妈妈的味道，是在平淡无奇之中包含着恒久不变的呵护，正如一碗稠糊糊、热腾腾的汤面，让我们回到那最古老的时光之中暂憩。

做法

准备原料

① 西红柿切小块，青菜切段，葱蒜、香菜切末（图2）。提前和好面，擀薄片切成面条备用（图3）。

*尽量用自己擀的面条，比较容易熟，更重要的是可以让汤变得稠糊糊的，口感更好。如果用外边买的面条，质硬、汤不黏。

煮面条和西红柿

② 锅中放适量水烧开，先煮1分钟面条，接着将西红柿放下去煮开（图4）。

*水要一次性放够，尽量多一些，因为面条泡的时间越长，水就会被吸收得越多，汤就越稠，最后没有汤，就不能叫汤面了。

炝锅

③ 煮面条的同时，另取一口大锅，倒少许油烧热，下葱蒜末大火煸至焦黄出香气（图5），放少许酱油炝锅（图6）。

*炝锅是这道主食的点睛之笔：火要大，葱蒜一定要炸焦，然后放酱油爆出香气。全程大火，酱油一爆出香气立刻下入面条和汤。"锅气"就是在这一瞬间融入面条汤中的，够香！

*如果不放西红柿，那么在炝锅的时候可以适当地放少许醋一起炝锅，只要醋香，而不要吃出酸味。

④ 将面条和汤全部倒进炝锅中（图7），接着放少许盐，把青菜放下去煮一下，最后放香菜末、少许胡椒粉和香油就可以了（图8）。

原料 （图1）

主料

面粉……………… 适量

喜欢汤面清爽的，用高筋面粉；喜欢汤面浓稠的，用中低筋面粉。

辅料

西红柿、青菜…… 各适量

调料

香菜、葱蒜 ……… 各适量
酱油、盐、胡椒粉、
香油 ……………… 各适量

柒 五谷养人

图1

图2

图3

图4

图5

图6

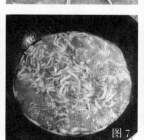
图7

图8

家常酸汤面

红亮碧绿，面条筋道，酸辣为主基调，爽口开胃。

这道主食近似于陕西的臊子面，不过肯定没有臊子面那么讲究。酸汤面汤宽面少，这样吃才有味道，如果弄一大碗面，汤少，那么酸味不足。如果不喜欢吃蒜薹，最后可以放韭菜，陕西的臊子面最后是放韭菜的，味道也非常好。辣椒和醋是重中之重，一定要能够吃出酸辣味才对，如果放少了，吃起来会觉得什么味道也没有。

图1

图2

图3

图4

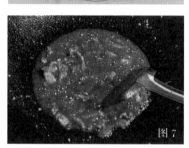

图5

图6

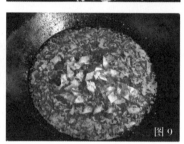

图7

图8

图9

做法

准备原料

① 五花肉切小指甲盖大小（图3），黄花菜和木耳提前用温水泡开，胡萝卜、土豆、青椒、木耳和黄花菜分别切小丁备用（图4）。

* 肉不能切太大，因为烧制的时间很短，切太大会咬不动。

* 原料很多，所以每样只需一点就可以了，合理搭配分量。

② 豆腐切1厘米厚的片，在油锅里煎两面黄后切成丁，鸡蛋打散后烙蛋皮、切成小块，蒜薹切小段，葱姜切细末备用（图5）。

* 豆腐不能切太厚，别超过1厘米，否则不易入味。

* 烙蛋皮的时候放少许淀粉和水一起搅匀，这样烙出来的蛋皮比较结实。

煮面

③ 锅中加适量水，烧开，下面条煮熟，捞出备用。

制作酸汤卤

④ 锅烧热放油，倒入肉片，中火煸炒15秒左右，放葱姜末再炒10秒，接着放辣椒面中小火煸炒（图6），约半分钟后出红油，接着放五香粉和花椒面炒10秒左右出香气（图7）。

* 炒肉片的油量要大，这样做出的酸汤卤才香，不然全是水，味道不够浓厚。

* 炒辣椒面的时候一定不能开大火，否则辣椒煳了，红油出不了，香味也没有了。

* 五香粉和花椒粉要少放，主要作用是去异味、提香气，让整体味道更好。

⑤ 开大火，放入酱油和黄酒爆香，接着放醋烧开。倒热水，烧开后放入除蒜薹和蛋皮之外的所有原料和盐（图8），大火烧开后转小火，加盖烧10分钟左右，下蛋皮和蒜薹再烧2分钟（图9），浇在煮好的面条上就可以了。

* 蒜薹不能久煮，蛋皮是熟的，所以这两样最后才放。

* 做这道菜醋一定要多，放一点是没有用的，没有酸香味，切记。

* 烧到土豆和胡萝卜软了就差不多。

麻辣凉面

面条筋道，味道麻辣咸甜香，一个都不少。

麻辣凉面虽然只是叫「麻辣」，但吃起来不仅麻辣，还有甜味、咸味，几种味道你中有我、我中有你，让人回味无穷。由此可见，这个面最关键的就是调汁。虽然调料比较多，又零碎，但是保证让你吃完了还想吃。

原　料　（图1）

主料

面条·····················适量

这种凉面的面条一般是买现成的，如果不想用外边的，最好用面条机来做，手擀面太软，而且不够细，口感不好。

辅料

黄瓜、豆芽········各适量

酱汁调料

芝麻酱·················70 克

醪糟汁····················5 克

米醋·····················15 克

酱油·····················25 克

白糖·····················15 克

清水·····················30 克

姜蒜末·············各 5 克

香油·····················15 克

熟花生碎、熟芝麻、

花椒面·············各少许

红油·····················适量

把辣椒面用七成热的油浇开，泡一夜就能制成红油。

图1

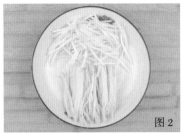
图2

图3

图4

图5

图6

图7

图8

做法

准备原料

① 黄瓜洗净切丝，豆芽择洗干净（图2）。面条煮熟过凉水，用少许熟油拌一下备用。

*如果是当时就吃，面条可以不用油拌。拌面条的油要用熟油，就是在火中烧热再凉凉的油，不能直接用生油，因为生油有异味。若不方便准备熟油，用少许香油也可以。

调酱汁

② 取一只碗，先放芝麻酱，用醪糟汁调一下（图3），接着放米醋搅动（图4），搅匀后再放酱油和白糖继续搅（图5），加清水调顺滑，接着放姜蒜末拌匀（图6），再加香油搅匀（图7），然后放少许熟花生碎、熟芝麻和花椒面调匀即成（图8）。

*生花椒在热锅中用小火炒几分钟，凉凉后擀成碎末就是花椒面。

*调酱汁要按步骤放调料，顺序不能乱，酱汁的分量即是基本口味，可按个人喜好加减。

*每次放完液体调料后要先调至顺滑，再放下一种调料。

*不可以一次性把所有液体调料都倒进碗中，这样芝麻酱调不出顺滑的感觉。要一次放一点，调好后再放一点再调，切记。

浇酱汁

③ 把面条放入碗中，码好黄瓜和豆芽，浇适量酱汁，再浇适量红油，便可！

*红油最好别和酱汁混在一起，否则很容易串味，导致红油不香，酱汁的味道也受影响。

更上一层楼

其实这里的酱汁和川菜中的怪味汁差不多，一般饭店做这个酱汁的时候不是全放芝麻酱，还会放一些花生酱，令味道更柔和一些。因为大部分纯芝麻酱是微微有些发苦、发涩的，有些人吃起来会感觉稍差，所以放一部分花生酱会使口感更好、香气更足，大家也可以试一下。

柒 五谷养人

219

麻酱烧饼

外皮酥脆，香料和芝麻酱的味道结合得很好。

如果一条街上有一家烧饼做得非常好吃的小摊儿，那么每天从早到晚地排队就是意料之中的事情。一个自制的蜂窝煤炉子，上边架着厚铁板，进行着烧饼初加工的烙制过程，待两面变得金黄，便拉出下边的烤箱屉子，将烧饼放入其中烤七八分钟，当烧饼鼓胀欲破时便是熟了，一夹子铲出几个扔进草筐中，咔咔作响！麻酱烧饼最好吃的时候一定是刚烤出来后放了半分钟，一口咬下，外层带芝麻的面皮酥脆无比，里边却柔软之极，带着小茴香和花椒的幽香，让人怎能罢嘴！

做法

和面

① 酵母和低筋面粉放一起混合均匀，用温水将面和成絮状（图2），再揉匀，盖上湿布饧1小时备用（图3）。

* 面团很难做到一次就揉光滑，可以先揉一会儿，用湿布盖上让面饧10分钟，然后再揉，就会光滑滋润了。

* 和面的水要稍微多一些，和出的面必须特别软，若和得太硬，烙出来的烧饼口感偏硬。

* 放少许酵母的作用是让面稍微有一点点发的感觉，让面变得更软、更好操作，但是千万不要等面全发起来再烙，那样烤出来就过于松软了。

调麻酱

② 将芝麻酱放入碗中，先加酱油和少许盐调匀（图4），接着加油再调匀，最后撒适量小茴香粉和花椒粉（图5），调匀备用（图6）。

* 调麻酱要按照顺序一步一步来，不能乱。

* 盐要放够，如果咸味不够，吃起来味道会差得多。

面团整形

③ 在光滑的案板上抹少许油，将饧好的面团擀成稍厚一点的片，将调好的麻酱均匀地抹在上面（图7）。

* 面团不能擀得太薄，因为加了麻酱团成球后还要擀，如果开始擀太薄，后边再擀很容易破，麻酱就露出来了。

* 如果喜欢味道重一些，抹完麻酱后可以再撒一些香料粉。

④ 将面片卷成卷（图8），揪成6个剂子（图9），将每个剂子的两个断面合拢，揉成球，封口朝下，光面朝上，类似于面包制作的滚圆过程（图10）。

⑤ 取一只小碗，倒一点酱油，再放一点面粉调匀，面团光滑的一面沾少许酱油（图11），再粘满芝麻（图12），按扁后擀成饼状（图13）。

* 调匀的酱油和面粉会使芝麻粘得特别牢固，几乎不会掉。

烤制

⑥ 电饼铛烧热，把饼坯放入电饼铛烙七八分钟，至两面微黄（图14）。烤箱上下火各调180℃预热，将烧饼芝麻面朝上放进烤箱中烤七八分钟至表面鼓起来即可（图15）。

* 饼坯先烙一下是为了让表面上色和定型，这样才能烤出漂亮的焦黄色。

* 如果没有烤箱，就在电饼铛上烤。烤时尽量不要加盖，否则会把饼压得很紧，不容易分层，口感不好，用一个高些的锅盖盖上便可。

灵活运用

外边卖的麻酱烧饼一般是两种，死面的和发面的，纯死面的口感有些韧，发面的口感又太柔软。这里介绍的做法介于两者之间，既不会太柔软，又不会太韧。当然，这个还是要看每个人的习惯，自己掌握。

图1　图2　图3
图4　图5　图6　图7
图8　图9　图10　图11
图12　图13　图14　图15

烫面蒸饺

熟馅带给你不同寻常的感觉，香气缭绕于唇齿之间。

　　烫面饺子是山西的做法，我从小就吃这样的饺子，百吃不厌。吃的时候也是有技巧的，左手抓着大饺子，轻轻咬开一个小口，然后右手用小勺往里边浇一点陈醋，接着便是一大口，再如此反复吃下去，才是最高境界！

做法

和面

① 用开水烫高筋面粉，边烫边用筷子搅，烫均匀后摊开凉凉，揉匀饧好备用（图2）。

* 烫面一般是用开水边烫边搅；还有一种方法是锅中烧开水后，将面粉直接倒下去快速搅拌。烫面一定要凉凉后才能揉，否则揉不润滑。

* 蒸饺容易破，所以用高筋面粉做成的烫面韧性会好些，同时能够保持面皮嫩的口感。

炒肉馅

② 粉条煮一下，泡着备用（图3）。炒锅烧热，放适量油，先炒肉馅，用中火慢慢煽炒至水汽变少（图4），接着放酱油、黄酒和姜末，再用大火炒一下就关火（图5），最后放入虾皮和少许五香粉，再加盐拌匀，凉凉（图6）。

* 品质好的粉条泡一会儿就会变软，品质差的粉条或者是加了添加物的粉条，有时候煮很久都不软，大家要注意。

* 炒完肉馅会有油析出，不要倒掉，这个油用着更香，因为后面还要放韭

原　料	（图1）
主料	
高筋面粉	300 克
开水	180 克
馅料	
猪肉馅	200 克
干粉条	60 克
韭菜	150 克
肉馅稍微肥一些会更香。	
调料	
酱油	20 克
黄酒	10 克
姜末	适量
虾皮	10 克
五香粉	适量
盐	6 克
香油	适量

菜和粉条。

* 馅料的咸味要够，虽然有酱油和虾皮，但盐还是要放够，否则吃饺子咸味不够，香气出不来。

拌馅料

③ 泡软的粉条切小粒（图7），韭菜切小粒（图8），放进完全凉透的肉馅中（图9），搅匀，最后放一些香油拌匀（图10）。

* 必须等肉馅完全凉透才能放韭菜和粉条，否则韭菜一遇热很快就会软烂、变色，味道也会发生变化。

* 其实馅料只要盐和香油放够了，就不会太难吃，尤其是香油，要多放一些，很提味。

蒸制

④ 饧好的面搓长条，切成小剂子，擀厚一些的片，包成大个饺子（图11），等蒸锅水开上汽，放入饺子，用大火蒸七八分钟即可（图12）。

* 蒸饺子的时候笼屉中要抹一层油，以防粘连。一定要等蒸锅开了之后才能放饺子。

* 因为面是烫熟的，馅基本上也是熟的，所以不用蒸太久。

* 饺子出锅的时候可能还有些粘连，要慢慢地拈起，注意别烫着。

图1 图2 图3 图4 图5 图6 图7 图8 图9 图10 图11 图12

柒　五谷养人

羊肉大包

羊肉馅一点也不膻，葱香肉香十足，一咬一口油，颠覆你对羊肉馅的看法。

寒冷的天气一来，我买牛羊肉的次数就渐渐多了起来。而每次到了市场，都要先买 4 个羊肉包子吃，包子一定要刚出笼的才行，一口咬开，酱色的羊肉馅在阳光下闪闪发亮，冒着热气，汁水和油水混在一起，慢慢地流淌着，豪爽的大葱冲淡了膻气，带来更多的香浓，直到酱汁和我的口水交融在一起。天空蔚蓝，阳光明媚，北风瑟瑟，枯枝摇摆，就这样，我站在街头，手捧一塑料袋吃食，一口呵气一口呵气地埋头啃着。时光变迁，亘古不变的依旧是人们对吃的向往和依恋吧！

和面

① 用温水把酵母调开（图3），接着分次倒进高筋面粉中和匀，至面粉变为絮状（图4），再揉成面团，盖上饧发至 2 倍大小即可（图5）。

* 要想让蒸出来的面皮筋道一些，和面的水不能太多，面不能发得太软太过，室温 22℃时大约饧 3 小时。

* 调酵母的水温别超过 37℃，否则酵母活性被破坏，面就发不起来了。

调馅料

② 做花椒水。将花椒、八角用开水泡半小时，凉凉。

* 花椒水可去异味、提香气，注意一定要凉凉了再拌馅，不然一倒下去馅就熟了。

原　料　（图1）

主料

高筋面粉	500 克
35℃温水	260 克
酵母	5 克

面粉用高筋的，包子皮才会有韧性，口感更好。

馅料　（图2）

羊肉馅	250 克
姜末	30 克
干黄酱	40 克
盐	3 克
酱油	15 克
花椒水	80 克
花椒	5 克
八角	3 克
开水	200 克
葱	200 克
香油	25 克

羊肉馅最好用新鲜的。没有干黄酱，用黄豆酱也可以，因为比较咸，要少放一些。

③ 按顺序将姜末、干黄酱、盐、酱油和花椒水一步一步地拌进羊肉馅中（图6），拌至肉馅黏稠（图7），放半小时入味。

* 干黄酱如果太干，可提前用少许花椒水调开。

* 调料要按顺序投放，并始终朝一个方向搅拌，让液体调料慢慢渗进肉馅中。液体调料要分几次倒进馅中，不能一下全倒下去，不然会变成稀粥。

* 馅要提前调好，多放一会儿，这样味道才会更深地进入肉中，味道会更好。

④ 葱从中间剖开（图8），切1厘米大丁（图9），放进调好的肉馅中（图10），将香油分散倒在葱上，最后和肉馅搅匀（图11）。

* 葱不能切太小，否则容易出汤，而且蒸的过程中羊肉还没熟透，葱就被蒸烂了，味道会差些。

* 葱丁要在最后即将包的时候再放，若提前和肉馅拌在一起，放久了味道不太好，还会出汤。现放现调，才能令葱香完美地融入肉馅。最后放香油也是为了在葱的表面形成一层油膜，让葱出汤的概率降低。

* 虽然肉馅中放了干黄酱、酱油，但盐还是要放够，因为肉馅包子如果不够咸，可能会越吃越觉得反胃，咸味是一切美味之源。

蒸包子

⑤ 发好的面取出来揉几下排气，然后搓条、分剂、擀皮儿、包包子，放进没开火的蒸锅中二次饧发15分钟左右，开火烧开锅后开始计时，蒸12~15分钟即可（图12）。

灵活运用

这道主食最关键的是教给你调馅的方法，只要学会这个方法，调其他肉馅也就不难了。猪肉馅和牛肉馅也可以按这个方法去调，只是花椒水和姜末要少放些，按个人口味多试几次你就会找到最令家人满意的配方。

图1　图2　图3
图4　图5　图6
图7　图8　图9
图10　图11　图12

羊肉泡馍

汤鲜肉美，馍有嚼头，胃里暖洋洋，心里也暖洋洋。

羊肉泡馍向来是北方分量最重的主食，讲究颇多，我也是仅知皮毛而已。但如果你能严格按照这里介绍的选材和做法来做，我敢说做出来的泡馍不会让你失望。

原料 （图1）

主料

羊后腿肉	1300 克
羊棒骨	1000 克
高筋面粉	750 克
35℃温水	400 克
碱面	2 克

选择羊肉的原则是要找稍微大一点的羊。就羊肉来说，羔羊不禁煮，味道太淡。就羊棒骨来说，成年羊的骨头个头大，且以骨髓为奶白色的为佳，而羔羊的棒骨还没发育完全，炖出来的汤味道不好。另外，羊肉以最为厚实的后腿肉为佳，且块越大越好，这样炖的时间越长，汤味越好。

辅料

粉丝、青蒜、香菜	各适量

香料

小茴香	10 克
花椒	5 克
八角	5 个
草果	1 个
桂皮	3 克
良姜	3 克

香料最好别随意添加，因为有些香料颜色很重，如果乱放，汤的颜色会发黑。香料备好后，最好以纱布包好备用。

其他调料

葱姜	各适量
青蒜、香菜	各少许

图1　图2　图3
图4　图5　图6
图7　图8　图9
图10　图11　图12

做法

准备原料

① 羊后腿肉和羊棒骨分开泡冷水，各泡3小时左右，至羊肉颜色变浅且表面发亮、骨头发白就可以了，中间需要换一次水。

* 羊后腿肉和羊骨不能一起泡，骨头血水较多，泡出后容易被羊后腿肉吸收，得不偿失。泡过的羊后腿肉和羊骨味道更纯正。也别泡太久了，否则鲜味会跑掉。

② 葱切段，姜切片，青蒜、香菜切末备用。

炖羊骨

③ 泡好的羊骨冷水下锅，水量大约是水面高出骨头表面8厘米（图2），因为最后需要大量的汤。放少许葱段、姜片，煮开后及时撇去浮沫，加盖用中大火煮20分钟左右（图3）。

* 煮骨头一定要冷水下锅，这样还可以逼出剩余的血水。要先用大火熬一会儿，这样才能把骨头中的钙质和胶质煮出来，小火是煮不出来的。注意要及时撇去血沫。

* 火力要大些，让汤面保持滚开的状态，这也是要多放水的原因，中大火煮会使水分蒸发得很快，水量要一次性放够，不能中途加水。具体水量要达到骨头和肉全放进锅里后还能完全没过的程度，需要估算一下。

更上一层楼

　　如果想让羊汤更加肥香浓，那么建议买点羊尾自己熬油，最后放些二锅头去膻。这个过程有点危险，往热油中倒少许烈酒易爆，所以容器要大一些，以防溢出。这样做出的羊油便可以做羊油辣子，香极了！

炖羊肉

④ 20 分钟后把香料包放下去，继续用中大火煮 10 分钟，再将泡好的羊肉放下去，汤要没过羊肉，骨头垫底（图 4），煮开后撇去血沫，接着加盖转小火慢煮 2 小时，让汤面保持微开，放盐，再煮 1 小时就可以了（图 5）。

* 如果羊肉会浮起来，就用一个盘子压下去，不能让羊肉出现在汤面之上。

* 做羊肉汤时，只要前期泡水到位，就不用焯水，即省事又能保持更多的鲜味。

* 现在的羊肉即使是切大块煮，3 小时也是极限了。在家中烧制 1~2 小时后就要用筷子扎一下试试，如果一扎很轻松穿透，就是差不多了，不能再煮，否则羊肉会煮得太烂，捞不出来。

* 羊肉尽量提前煮，凉凉了再切，这样能切出形状；刚煮好的羊肉很软，一切就碎。

和面

⑤ 炖肉的同时，用温水化碱面，放入高筋面粉中，和面（图 6）。

* 放碱的面食会有一种独特的香气，不可替代。这里的馍必须放碱，最后的颜色会稍微有些发黄。

* 烙传统的馍，面粉和水的比例是 500 克面粉加 200 克水，和面比较难，和出来的面非常硬，所以我稍微多加了点水，如果你喜欢吃硬点的馍，就少放些水。

面团整形

⑥ 饧面、揉匀（图 7），将面团搓成长条，用刀分为 10 个剂子（图 8），截面朝上，用手按压，上面自然出现一圈棱，擀成 1 厘米厚的饼（图 9）。如果不嫌麻烦，最后可以用擀面杖在面饼侧面，从右往左转圈击出一圈棱边（图 10）。

* 用擀面杖打面饼的边缘使之起棱是老式做法，到时烙出的馍会有一圈金边，好看，不过这个做法并不是必要的。

烙馍

⑦ 电饼铛烧热，有棱边的那一面朝下烙出黄边，然后翻过来烙 2 分钟就可以了（图 11）。

煮馍

⑧ 把馍掰成蜜蜂大小的丁，锅中舀一些羊肉汤烧开，放羊肉和馍丁，再放冷水泡过的粉丝一起煮开（图 12）。

* 羊肉汤上浮着的羊油不要扔掉，泡馍一定要有羊油才香，吃起来才滋润，如果只是一碗清汤，吃起来就不够肥美。

⑨ 最后放少许盐，盛碗中，撒青蒜末和香菜末，还可以放鲜辣椒酱，就着糖蒜吃。

* 个人建议吃泡馍一定要放青蒜苗，与羊肉、羊杂汤非常配！

* 如果羊肉剩下了，那么用 1：1 的生抽和香醋，加一些花椒油调汁蘸食，冷热均可。

下厨好伴侣

　　最后，我想跟你聊聊对做出一道好菜来说影响不是那么大，却能让人更方便地下厨，更能享受下厨过程的一些事。

◎ 锅具

◎ 刀具

◎ 餐具

◎ 摆盘

◎ 拍照

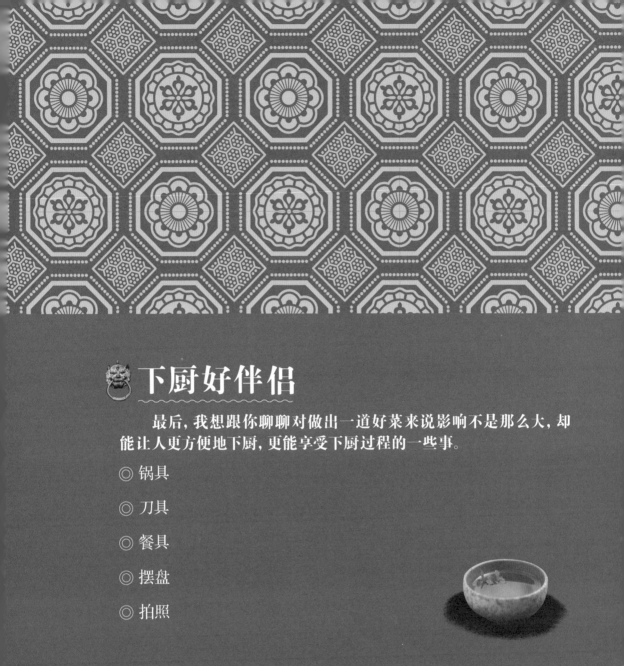

锅具

中餐的厨具不像西餐似的，恨不得一种食材配一个厨具！简单的两把菜刀、一个菜墩、一口炒锅，就能办大事，这便是大繁至简、大象无形的中餐！

我一般会在厨房里准备两口炒锅，一口主要是炒菜用，会大一些，称之为主炒锅；另一口是辅助锅，小一些，也称之为副炒锅。何为辅助锅？就是在做菜之前对一些食材进行加工，如焯水、过油等使用的锅。如果只有一口锅，那么做菜的速度会变慢，有时甚至会影响成菜的水准。

一口主炒锅

· 材质：熟铁。熟铁锅不像生铁锅那样容易破裂，而且相对来说不会那么重。
· 厚度：稍微厚一些。

原来如此

🜄 如果锅太薄，那么储存热量的性能就会减弱，表面上看烧得挺热，但是菜一下锅，立刻变凉。由于温度不够，蔬菜或肉类中的水分大量流失，使得口感变差，而且会出很多汤，品相也很难看，这道菜基本就失败了。

🜄 如果是厚铁锅，前期虽然烧的时间长一些，但是能储存大量的热能，食材下锅后锅里还能保持一段时间的高温，再加上火力的维持，食材表面可以快速成熟紧缩，就能锁住更多的水分，让食材形成所需要的口感。

· 深度：选用有一定深度的圆底锅，而非平底。

原来如此

🜄 圆底锅可以把油汇集到一起，这样在煸炒葱姜蒜或酱类调料时可以炒得很充分。用平底锅炒的效果就会差很多。

· 涂层：普通的或者是不粘锅都可以。
· 尺寸：大锅炒菜非常有优势，热量更多，炒菜更香，建议尽量用大一些的锅。
· 重量：大锅虽然炒菜有优势，但分量也不轻，需量力而行。

一口副炒锅

· 材质：不限，金属的都可以。建议用铁锅。
· 深度：小而深一些，这样炸东西的时候省油。如果锅底太浅太平，炸制时就需要倒很多油。
· 尺寸：比主炒锅小一些。
· 重量：适宜便可。

一口蒸锅

· 材质：不锈钢。
· 深度：如果是两层笼屉的，一定要注意两个笼屉的间距，距离越大越好，这样才能蒸制高一些的食材。
· 尺寸：越大越好，大的蒸锅空间宽裕，蒸汽对流好，蒸出来的菜品成熟度一致且成熟速度也快。
· 重量：适宜。

刀具

我一般会准备3把菜刀，一把生食刀、一把熟食刀、一把剁骨刀。这样基本上就可以玩转整个厨房了，从削菜到切菜，从生肉到熟肉，从排骨到整鸡，毫无压力。

生食刀和熟食刀

顾名思义，一个切生肉，一个切熟食，千万不可混淆，这是最基本的食品卫生理念。两把刀可买同类型的。

挑选要点: 刀要薄，尽量不买厚刀，厚刀太重，使用起来太吃力，对于业余选手来说不是好的选择。刀口的钢要好，最好是买知名品牌的。

如何保养: 现在的刀几乎都是不锈钢，不需要像以前那样天天抹油防锈，用完擦干净便可。

剁骨刀

主要用于剁断动物的骨头，如排骨、整鸡等都需要剁开。

挑选要点: 剁骨头需要挑选厚重一些的刀，这样才能轻松剁开骨头，不要求有多快，只要求结实耐用，因为快刀必然刃薄，没法剁骨头。我家有一把刀，特别厚重，看着挺吓人，但剁起骨头来毫不含糊。

餐具

餐具与美食的搭配千变万化，餐具是躯壳，美食是灵魂，二者结合在一起才是美食的最高境界。

一件好的餐具，会让菜品变得更漂亮，让人更有食欲，让餐桌变得更有品位。随着生活品质的提升，光是做出好吃、好看的菜已经不能满足很多人的需求了，于是，高规格的餐具越来越多地出现在市场上，甚至于一顿饭吃得好不好还要看餐具的优劣，这也确实让生活增添了更多的情趣。

去哪儿淘餐具

好看而有品位的餐具不是固定的地点买出来的，无论你去哪里，只要看到自己喜欢的餐具，就可以买下来。餐具是一点一点地攒出来的，比如超市里、批发市场里、路边推车里，哪怕是在行人便道上摆一地餐具的小贩摊上，没准都能找到自己中意的餐具。如果把寻找合适的餐具当作一种乐趣，相信你也会乐此不疲!

如何与菜品搭配

一般的理念是花色比较重的盘子搭配颜色较素的菜; 如果是五颜六色的漂亮菜品，则搭配纯白或者颜色单一的餐具比较合适。当然，素盘配素菜也是不错的搭配，但是花盘配五颜六色的菜就需要好好考虑一番，需要较好的审美能力。

摆盘

好的菜品如果有好的摆盘，会更让人赏心悦目，食欲也就更饱满了。

中餐摆盘的诀窍是什么

中餐和西餐的摆盘风格迥异，中餐讲究大气磅礴，西餐讲究细致入微，这是由两种不同的饮食习惯造就的。中餐一般是大家一起吃一盘菜，西餐却是每个人单独上菜。现在很多中餐效仿西餐的摆盘方式，但从中餐的饮食习惯来看属于中看不中吃，也许在酒店可以这样，但是在家里估计你不会把一锅炒菜做出来，然后分盘摆设吧？

中餐的摆盘大致上可以分为围摆、垫底、侧放等几种最基本的方式。围摆就是把青菜焯熟，在盘中围一圈，把主菜放在中间。垫底便是把青菜或其他特殊食材铺在盘底，主菜放在上边。侧放便是青菜占盘子的一小半，主菜占盘子的一大半。摆盘时起装饰作用的主要是青菜，主菜是肉类，很少有肉类当摆饰、青菜当主菜的，不能本末倒置。当然，还有很多变换方式，是依据菜品的形态、规格、口味、口感以及汤汁的多少来设计的。摆盘也是一种艺术。

玩一玩摆盘

①用油菜。

油菜洗净，去掉外层叶子，只要菜心，削去根部（图1），用小刀在根部横着轻切一个小口（图2），将胡萝卜或者红椒切小细条塞进切口内（图3、图4）。锅中热水烧开，放少许盐和油，把油菜烫一下捞出（图5），在盘中码出各种形态（图6、图7）。有时候油菜切得不合适，焯水的时候塞在里边的胡萝卜条会掉出来，因此也可以先焯完了再塞胡萝卜条。

②用西兰花。

西兰花焯水后，在盘中外围码一层（图8），中间要垫底（图9），然后再码一层（图10），最后封口就可以了（图11）。这个是清炒西兰花的码盘方法。如果是炒荤菜，那么可以只用第一圈围边，中间放主菜。

图1

图2

图3

图4

图5

图6

图7

图8

图9

图10

图11

拍照

有些朋友不但喜欢做美食，还喜欢拍美食，其实我也是一样，我也还在学习中，和大家浅谈一下美食摄影的几点心得。

摄影基本功

要有基本的摄影功底，如果你只是用手机或傻瓜相机拍照也可以，只是有很多细节会丢失，整体画面感觉和专门的单反相机拍出来的还有差距。如果想拍出自己满意的美食，建议用单反相机，再适当地学习一些摄影知识。当然，也不提倡"烧器材"，注意一些细节就能拍出不错的美食。

柔和的光线

拍美食尽量用柔和一些的光线，比如在窗户边上。但要避免太阳直射，因为直射的太阳会使拍出的照片发黄，白平衡失效，而且阴影会特别明显，给人一种生硬的感觉。如果是直射，可以拉上白色的纱帘或是等直射的阳光过去再拍。

食物的美感

器材再好，光线再美，如果做出来的菜品非常难看，如芡没勾上，或者是该有汤的却没有汤，青菜炒老变黄，烧肉酱油太多而变黑，等等，自然也拍不出诱人的美食，所以做出一道漂亮的菜是拍出美丽照片的先决条件。

漂亮的餐具

好的菜品要是配上有品位的漂亮餐具，那么拍出来的照片一定好看，再配以一些其他的装饰，就能拍出一张特别有氛围的照片。

总而言之，只要努力琢磨，你就一定能拍出漂亮的美食！

后 记

当我们挑选好适当的食材，掌握了做菜的小技巧、小原理，是不是就可以做出一道好菜了呢？

要我说，还差了那么一点点，也是格外重要的一点，就是人们常常挂在嘴边的"用心"。

这里的"心"，我觉得首先是指心情。以我多年的烹饪经验来看，一个人在心情凌乱、头脑混沌的时候走进厨房，最明智的选择就是煮一锅方便面，千万不要试图去做任何复杂的菜品，最好连鸡蛋都不要煎，否则只会造成浪费。当你根本就不想做菜，只是不得不做时，做出来的菜口味如何，可想而知！做什么事都必须认真对待，做菜自然也是一样，在心情不好的时候去做菜，哪怕操作工序完全相同，调料、火候一分不差，做出来的菜的口味也会相差甚远！

因此，当你觉得自己做出来的菜索然无味时，当你觉得在厨房里每走一步都如此沉重时，你就需要调整自己的心态了，否则，长此以往，不仅你的家人会对你做的菜失去胃口，你也会对自己的厨艺产生质疑，甚至从此对做菜失去兴趣，我想，这绝对不是一个厨娘或者是厨郎想要的结果。

当你调整好自己的状态，心情如阳光般灿烂时，做菜就变得相对简单，剩下的只是技术方面的问题了。做菜说难也不难，多动手、多练习，每做一次都及时总结经验和教训，甚至晚上躺在床上的时候也可以琢磨一番：今天做菜时哪里出了问题，这个问题怎么解决，是通过查阅书籍还是向有经验的人询问……把每一个问题都弄明白了，不断积累，你就拥有了别人拿不走的财富。有时候我半夜醒来也会琢磨如何做出好菜，如果抱着这样的决心来研究厨艺，就不愁做不出好菜。这里说的，就是另外一个"心"——决心。

我祝愿你在做菜的时候，既有愉悦的心情，又有坚定的决心，这样，你一定会认为做菜是一种享受，而不是负累。当然，家人的夸赞和鼓励也是必不可少的，在一个温馨的家庭氛围里绕着炉台转，想必再辛苦也是心甘情愿的吧！

罗生堂

关于本书中调料的特别说明

酱油：均为黄豆酱油，而不是生抽、老抽，如果使用的是生抽、老抽，会专门写出！酱油用错，则风味会有变化！

黄酒：黄酒和料酒的区别在于前者是可以喝的酒，味道更醇厚，去腥提香的能力更强，在炝锅的时候你就可以真切地感受到。黄酒和料酒，这二者之中，建议选择黄酒。

醋：本书中的醋全部用的是米醋。米醋颜色不深，而陈醋或镇江醋的颜色很深，对有些菜来说，色泽会受到影响。而且，不同的醋，酸度也不一样，所以在使用时一定要注意。

黄酱：是一种北京特色酱，如果你买不到，可以用市面上的黄豆酱来代替。

胡椒粉：均指白胡椒粉，如果用的是黑胡椒粉，会专门写出。